老年人学电脑

李凤 熊春◎编著

人民邮电出版社

北京

图书在版编目（CIP）数据

老年人学电脑 / 李凤，熊春编著. -- 北京 ： 人民
邮电出版社，2023.9
ISBN 978-7-115-61995-2

Ⅰ．①老… Ⅱ．①李… ②熊… Ⅲ．①电子计算机—
中老年读物 Ⅳ．①TP3-49

中国国家版本馆CIP数据核字(2023)第111838号

内 容 提 要

  本书通过 7 天的学习计划，详细全面地介绍电脑的基础知识和操作技巧。书中的内容安排和版式设计充分考虑老年读者的学习需求，只需按照每一天的内容按部就班地学习，就可以快速掌握电脑操作。

  本书适合希望系统掌握电脑操作知识的老年读者学习，也可以作为老年大学或电脑培训班的教材或辅导用书。

◆ 编　著　李　凤　熊　春
　　责任编辑　李永涛
　　责任印制　王　郁　胡　南

◆ 人民邮电出版社出版发行　　北京市丰台区成寿寺路 11 号
　　邮编　100164　　电子邮件　315@ptpress.com.cn
　　网址　https://www.ptpress.com.cn
　　北京天宇星印刷厂印刷

◆ 开本：787×1092　1/16
　　印张：8.25　　　　　　　　2023 年 9 月第 1 版
　　字数：113 千字　　　　　　2024 年 10 月北京第 4 次印刷

定价：49.90 元

读者服务热线：(010)81055410　印装质量热线：(010)81055316
反盗版热线：(010)81055315
广告经营许可证：京东市监广登字 20170147 号

本书能让你学会什么?

使用电脑进行打字

使用电脑进行休闲娱乐

使用电脑管理文件和文件夹

使用电脑进行网上聊天、网上购物,享受精彩的网络生活

随着电脑应用的普及,越来越多的老年人也喜爱上了电脑。电脑不仅可以帮助老年人解决问题,还能锻炼思维、活跃大脑,是营造良好家庭氛围、休闲娱乐的好帮手。

本书从实用的角度出发,结合老年读者生活的方方面面,介绍了7天学会并掌握电脑操作的学习方法。通过对本书的学习,广大老年读者能够在短时间内轻松掌握电脑的各种使用技能。

内容导读

全书共有 7 天的学习内容,每一天对应一部分实用知识,主要内容介绍如下。

第 1 天 学习电脑很简单:介绍了电脑的各种基本操作,包括开机和关机、使用鼠标和键盘、熟悉并设置电脑,以及使用辅助工具等内容。

第 2 天 在电脑中这样打字:介绍了如何使用电脑进行打字,包括打字前的准备、使用拼音打字、语音和手写输入文字等内容。

第 3 天 有效管理电脑资源:介绍了如何有效管理电脑中的各种资源,包括文件和文件夹的管理、数码设备中文件资源的管理等内容。

第 4 天 用电脑休闲娱乐:介绍了使用电脑进行各种休闲娱乐的方法,包括使用电脑听歌看电影、处理照片和制作短视频等内容。

第 5 天 网上生活乐趣多:介绍了使用电脑上网的方法,包括浏览器的使用、网上资源的搜索、查询天气、网上购物和网上交电话费等内容。

第 6 天 网上交流无障碍： 介绍了使用电脑进行网上交流的方法，包括使用微信、电子邮件和微博等内容。

第 7 天 保护电脑有妙招： 介绍了电脑安全使用的知识，包括电脑的日常维护、电脑病毒的防范和电脑优化等内容。

❀ 本书特点

科学的学习计划： 本书共计 7 天的学习内容，可帮助老年读者建立科学的学习计划。读者既可以跟随本书按部就班地学习，也可以根据个人情况自主安排学习进度。

务实的案例设计： 本书紧扣实际应用，通过案例进行讲解，同时提供了丰富的拓展练习，满足读者的实际需求。

全面的知识覆盖： 本书除知识主线以外，还穿插了"小提示""更上一层楼"等栏目，提供操作技巧及扩展知识，帮助读者巩固提高所学内容。

精美的排版印刷： 本书使用黑白印刷，单栏排版，图文对应，整齐美观，便于读者查看和学习。

❀ 读者对象

本书适合希望尽快学会并灵活掌握电脑使用方法的老年读者阅读。

❀ 关于我们

本书由李凤、熊春编写，由于作者水平有限，书中疏漏和不足之处在所难免，欢迎广大读者批评指正。

作者

2023 年 3 月

目录

第3天　有效管理电脑资源

第6天　网上交流无障碍

基础学习阶段

提高学习阶段

练习阶段

第7天　保护电脑有妙招

基础学习阶段

学习电脑很简单

学习目标

如今，会用电脑已经不再是年轻人的"专利"，许多老年读者也开始对电脑产生了浓厚兴趣。那么，电脑究竟该怎样使用呢？下面我们一起来学习关于电脑的相关知识，包括电脑的基本操作、鼠标和键盘的使用，以及 Windows 10 操作系统的设置等。

学习内容

- 打开、关闭和重启电脑
- 认识并正确使用鼠标
- 认识并正确使用键盘
- 认识 Windows 10 操作系统
- 设置系统主题和外观
- 更改鼠标指针的样式
- 了解老年人常用的辅助工具

基础学习阶段

学习内容： 掌握电脑打开、关闭、重启的方法，以及鼠标和键盘的正确操作方法。

学习方法： 首先学习如何打开电脑，然后熟悉如何操作鼠标和键盘，最后学习如何重启和关闭电脑。要求熟练掌握打开和关闭电脑及正确使用鼠标和键盘的方法。

1.1 电脑基础知识

虽然电脑在日常生活中已经相当普及了，但对老年读者而言，仍会觉得电脑有点"高深莫测"，尤其是在面对一个黑色显示屏时更不知道该从何入手。下面我们就从最基础的电脑知识开始，从电脑的用途、组成，到如何打开和关闭电脑，带您进入电脑的神奇世界。

1.1.1 电脑的用途

在生活中，电脑可以帮助我们做很多事情，如数据计算、学习娱乐、办公自动化和远程通信等。但对于老年读者来说，电脑的主要用途在于，不仅可以进行资料的查询和存储，还能跟远方的朋友和家人联系。下面就一起来看看在日常生活中电脑究竟可以做些什么。

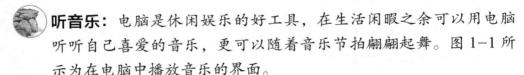

听音乐： 电脑是休闲娱乐的好工具，在生活闲暇之余可以用电脑听听自己喜爱的音乐，更可以随着音乐节拍翩翩起舞。图 1-1 所示为在电脑中播放音乐的界面。

看视频： 有了电脑就可以随时观看最新、最热门或者经典的电视剧或电影，还可以通过手机或数码相机与电脑互联的方式观看朋友和子女们的婚礼、生日、旅游时拍摄的影像。这些电视剧、电影、录像等在电脑中被统称为"视频"。图 1-2 所示为在电脑上观

第1天 学习电脑很简单

看视频的界面。

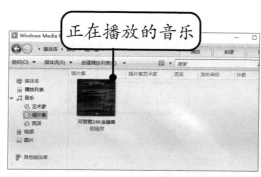

图1-1 听音乐

图1-2 看视频

玩游戏： 电脑中自带了许多小游戏，如纸牌、空当接龙、蜘蛛纸牌等。如果这些游戏都不喜欢，还可以在网上玩游戏，不但简单有趣，还可以找全天下的朋友一起玩游戏。图1-3所示为在网上玩象棋的操作界面。

查资料： 将电脑连入互联网后，就可以通过浏览器在互联网上查找想要的信息和资料。图1-4所示为介绍"杜鹃花"相关知识的网页。

图1-3 玩游戏

图1-4 查资料

上网沟通： 通过电脑，不仅可以与远在他乡的子女进行视频和语音通话，而且还可以与多年的老朋友互发电子邮件。图1-5所示为使用微信交流的聊天窗口。

记录重要事项： 重要或容易遗忘的事情可以使用电脑轻松记录下来，这个功能对于老年读者而言非常适用。图1-6所示为使用便笺记录重要事项的界面。

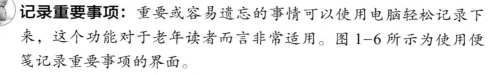

图1-5　上网沟通

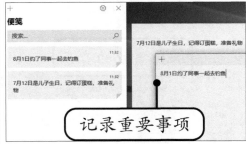

图1-6　记录重要事项

1.1.2　认识电脑的组成

电脑由硬件和软件两大部分组成，电脑硬件就是我们看得见的主机、显示器、鼠标、键盘等，如图 1-7 所示。软件则是指电脑中安装的应用程序，比如能观看网络电视的"优酷"软件等。

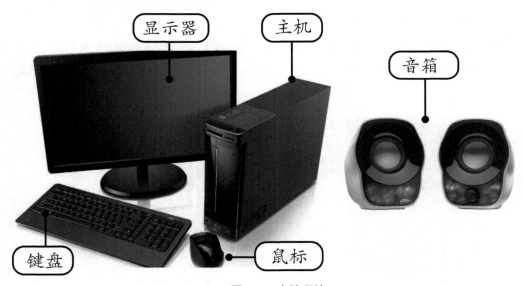

图1-7　电脑硬件

下面主要介绍电脑硬件各组成部分的作用。

　显示器：主要用于显示电脑输出的内容，通过显示器，我们就可以看到文字、图片和视频了。

主机：主机相当于人的大脑，几乎所有文件资料和对电脑发出的所有指令都由它来存储和执行，可以说主机就是整个电脑的"指挥官"。主机正面的按钮主要用来打开和关闭电脑，而主机背面的插

孔和接口则用于连接鼠标、键盘和音箱等外部设备。

 键盘： 键盘是我们向电脑下达命令的工具，键盘上有许多按键，每个按键的功能各不相同。每敲击一次按键，就可以给电脑发送一个信号，电脑再根据这些信号的指示来执行一个又一个的任务。

鼠标： 鼠标是另一种向电脑下达命令的工具，常见的是3键鼠标，主要由鼠标左键、鼠标右键和鼠标滚轮组成，如图1-8所示。

图1-8　鼠标各组成部分

音箱： 音箱用于将电脑里播放的各种声音传送出来，这样就可以听音乐、看视频了。

1.1.3　操作电脑的注意事项

对于初次使用电脑的老年读者而言，在操作电脑时可能会存在一定的畏惧心理，怕损坏电脑。其实电脑与家用电器一样，只要掌握正确的使用方法，就能轻松使用。下面介绍几点操作电脑时的注意事项，供大家参考。

保持正确的坐姿： 使用电脑时，腰背要挺直，两脚平放在地面上，椅子和桌子的高度要适当，身体与桌子保持一定的距离，眼睛与显示器保持一定的距离，如图1-9所示。老年读者使用电脑的时间不要太长，以1个小时为宜，应经常起身活动。

图1-9　保持正确的坐姿

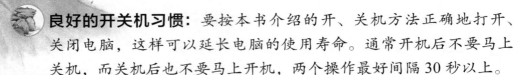

良好的开关机习惯：要按本书介绍的开、关机方法正确地打开、关闭电脑，这样可以延长电脑的使用寿命。通常开机后不要马上关机，而关机后也不要马上开机，两个操作最好间隔 30 秒以上。

不要用手触摸显示屏：使用电脑时，用手触摸显示器屏幕会发生静电放电现象，可能会损害显示器。此外，用手触摸还会在屏幕上留下手印，甚至会破坏显示器表面的涂层。

1.2　正确打开电脑

打开电脑也就是常说的开机，其方法与打开日常生活中的电器类似，首先接通外部电源，然后再按下相应的电源开关按钮。打开电脑应按一定的操作顺序进行，避免对电脑硬件造成损伤，其具体操作如下。

❶ 成功接通外部电源后，按下显示器的电源开关按钮（一般位于显示器右下角）打开显示器，如图 1-10 所示。此时电脑还没有信号，屏幕仍处于"黑屏"状态，显示器的开关指示灯点亮。

❷ 按下主机上的电源按钮（通常是机箱正面最大的那一个按钮），如图 1-11 所示，打开主机电源。

图1-10　打开显示器电源

图1-11　打开主机电源

❸ 显示器上开始显示电脑的自检信息，这时不用做任何操作。

❹ 稍后即可成功启动电脑并进入图 1-12 所示的操作系统，此时完成电脑的启动操作，接着便可以使用电脑了。

6

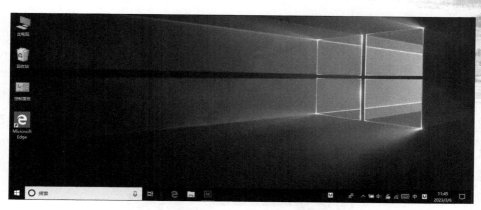

图1-12　进入操作系统

1.3　如何使用鼠标

在使用电脑的过程中，鼠标起着至关重要的作用，启动电脑后，绝大部分的操作都要依靠鼠标来完成。下面我们就从正确"握"鼠标的方法开始，详细介绍鼠标的各种操作。

1.3.1　正确"握"鼠标的方法

鼠标外形小巧，操作起来也比较简单，不过简单的操作也需要掌握正确的方法。

"握"鼠标时，让手腕自然地放在桌面上，右手拇指握住鼠标左侧，食指和中指自然轻放在鼠标的左键和右键上，无名指和小拇指握住鼠标右侧，掌心轻轻贴住鼠标后部，如图 1-13 所示。操作时使用食指控制鼠标左键，中指控制鼠标右键，食指或中指控制鼠标滚轮。

图1-13　正确"握"鼠标的方法

1.3.2　鼠标的常用操作

通过对鼠标的操作可以向电脑发出各种指令，从而达到控制和操作电脑的目的。鼠标的操作主要包括移动鼠标、单击鼠标、双击鼠标、

单击鼠标右键和按住鼠标左键拖动等。

1 单击鼠标选择桌面图标

单击鼠标常用于选择命令或对象，方法为：移动鼠标指针使其指向某个对象后，用右手食指轻轻按下鼠标左键并快速松开，此时对象即可被选中，选中后的对象呈高亮显示。图1-14所示为单击鼠标选择"此电脑"图标的效果。

图1-14　单击鼠标选择桌面"此电脑"图标

2 双击鼠标打开窗口

双击鼠标通常用于打开窗口或启动程序等，方法为：将鼠标指针移到某个对象上，用右手食指快速且连续地单击鼠标左键两次即可打开或启动该对象。图1-15所示为双击鼠标打开"此电脑"窗口后的效果。

图1-15　双击鼠标打开"此电脑"窗口

3 拖动鼠标指针移动对象

拖动鼠标指针常用于移动对象位置、改变窗口大小和拖动滚动条等操作，方法为：移动鼠标指针到目标对象上后，按住鼠标左键不放进行拖动，将选定对象移动到目标位置后再释放鼠标左键。图1-16所示为移动"回收站"图标的效果。

图1-16 拖动鼠标移动"回收站"图标

4 单击鼠标右键显示快捷菜单

单击鼠标右键常用于弹出目标对象的快捷菜单，方法为：将鼠标指针移到目标对象上后，用右手中指轻轻按下鼠标右键后快速松开，即可打开该对象的快捷菜单。图1-17所示为右击桌面"回收站"图标后打开的快捷菜单。

图1-17 右击桌面"回收站"图标后打开的快捷菜单

小提示 拖动鼠标指针选择多个对象

在要选择的多个对象的空白处按住鼠标左键不放，拖动鼠标指针时将会出现一个方框，释放鼠标左键后，方框内的对象将自动被同时选中。

1.4 如何使用键盘

老年读者除了要掌握鼠标的正确使用方法，还应该学会使用键盘，这样才能顺利地操作电脑。

1.4.1 认识键盘分区

键盘上有很多个键位，为了快速认识键盘，可将其分为主键盘区、功能键区、编辑键区、小键盘区和状态指示灯区5个区域，如图1-18

所示。各区域的功能分别介绍如下。

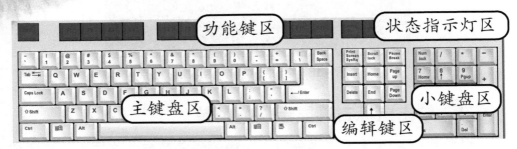

图1-18　键盘的分区

主键盘区：是使用频率最高的区域，如图1-19所示，其中包括"Ctrl"键、"Shift"键、"Alt"键和"Enter"键等控制键。按下键盘中的控制键后，不会出现任何符号，但这些按键会帮助我们完成很多其他功能。下面将部分按键的功能列入表1-1中。

图1-19　主键盘区

表1-1　主键盘区中部分按键的功能

键位	名称	功能
Caps Lock	大写字母锁定键	在输入英文字母时，用于大/小写字母输入的切换，若当前是大写字母输入状态，按下该键后可转换为小写字母输入状态，输入完后再次按该键将返回大写字母输入状态
⇧ Shift	上档键	主要用于输入双档字符键中的上档字符，也可以配合其他键一起使用。如按"Shift+Ctrl"组合键，可快速切换输入法
Ctrl	控制键	键盘上有两个"Ctrl"键，该键位于主键盘区的下方，它必须与其他键配合使用才能产生一定的功能，如按"Ctrl+X"组合键，可剪切所选对象

续表

键位	名称	功能
"Win"键	"Win"键	按该键可打开"开始"菜单
Alt	控制键	"Alt"键在键盘上有两个，通常与其他键配合使用，如按"Alt+F4"组合键，可以关闭当前窗口或退出当前程序
双档字符键	双档字符键	在主键盘区中，有的按键有2个字符，直接按下该键，将输入下面的标识字符，如果要输入上面标识的字符，则需在按住"Shift"键的同时再按该键
空格键	空格键	它是键盘中最长的一个键，在进行文字输入时按一次此键，将插入一个空白字符，同时光标向右移动一格
Back Space	退格键	主要用于在进行文字编辑时删除字符。按一次该键，将删除光标左侧的一个字符，同时光标向左移动一格
Enter	回车键	该键主要用于确认和执行命令，在输入文档时，该键的作用是换行

功能键区： 该区域共16个按键，如图1-20所示。这些按键主要用于执行一些特殊操作。其中"F1"～"F12"键在运行不同的软件时，功能也不同，下面将介绍部分按键的功能，如表1-2所示。

Esc	F1	F2	F3	F4	F5	F6	F7	F8	F9	F10	F11	F12	Wake Up	Sleep	Power

图1-20 功能键区

表1-2 功能键区中部分按键的功能

键位	名称	功能
Esc	退出键	一般在退出或取消操作时使用，如在使用全屏观看网络视频时，按下该键可退出全屏模式
Wake Up	唤醒键	按该键可以使处于休眠状态的电脑恢复正常
Sleep	休眠键	按该键可以使电脑进入休眠状态
Power	关机键	按该键可以快速关闭电脑

编辑键区： 主要用于控制输入字符时文本插入点在文档中的位置，该区域下方有"↑""←""↓""→"4个方向键，如图1-21所示，主要用于调整插入光标的位置。

小键盘区： 又称为数字键区，是为了方便输入数字和运算符号而设计的，如图1-22所示，其中有10个双档字符键，其功能与其他键区对应键的功能相同。

图1-21　编辑键区　　　　　　图1-22　小键盘区

状态指示灯区： 主要用于显示当前键盘的状态，"Num Lock"是左数第一个指示灯，灯亮表示可以使用小键盘；"Caps Lock"是第二个指示灯，灯亮表示可以输入大写字母；"Scroll Lock"是第三个指示灯，灯亮表示滚屏锁定。

1.4.2　正确使用键盘

在使用键盘输入字符之前，首先要了解手指在键盘上的分布情况，如图1-23所示。在击键前，双手要按规则分别放在基准键位上，当击键完成后，手指应快速回到基准键位，以便进行下一次击键操作。

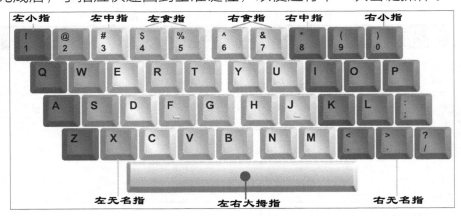

图1-23　手指分布图

键盘上有8个基准键位，即"A""S""D""F""J""K""L"";"，在不按键时，双手大拇指放在空格键上，其余手指应放在相应的基准键

位上，各个手指的分布如图 1-24 所示。这样才能灵活高效地进行击键操作。

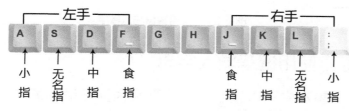

图1-24　基准键位手指分布图

1 练习使用键盘输入数字

学习和了解键盘的各个键区与敲击键盘的要领后，下面将在"记事本"程序中练习使用键盘输入数字，其具体操作如下。

❶ 单击桌面左下角的 ⊞ 按钮，在打开的"开始"菜单中单击"Windows 附件"选项，然后在展开的列表中单击"记事本"选项，如图 1-25 所示。

❷ 此时将启动"记事本"程序，窗口中有一条不断闪烁的竖线，如图 1-26 所示，即为输入光标，输入的字符将出现在输入光标处，光标会随着字符的输入而后移。

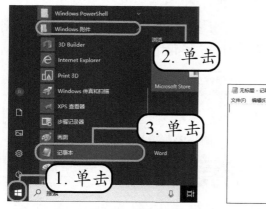

图1-25　选择"记事本"程序

图1-26　成功启动"记事本"程序

❸ 在键盘上依次按下小键盘区的数字键"0"键、"1"键、"2"键和"3"键，将输入数字"0123"，如图 1-27 所示。

图1-27 使用键盘输入数字

2 练习使用键盘输入字母

成功在记事本中输入数字后，接下来根据正确的键位指法继续练习使用键盘输入大 / 小写字母，其具体操作如下。

❶ 将双手放在键盘中的基准键位上后，利用大拇指敲击 2 次空格键，此时输入光标自动向后移动两个字符，如图 1-28 所示。

❷ 利用左手小指、无名指和中指依次敲击键盘上的"A""S""D"键，输入小写字母"a""s""d"，如图 1-29 所示。

图1-28 输入空格   图1-29 输入小写字母（1）

❸ 将手指迅速返回基准键位，按"Enter"键换行，然后再按下"Caps Lock"键，进入大写字母输入状态。此时利用右手食指和中指依次按下"U"和"I"键，如图 1-30 所示。

❹ 再次按下"Caps Lock"键，恢复到小写字母输入状态，按照正确的键位指法继续输入其他小写字母，如图 1-31 所示。

图1-30 输入大写字母   图1-31 输入小写字母（2）

小提示 利用控制键输入大写字母

为了提高输入速度，可直接利用控制键输入大写字母。方法为：按住"Shift"键不放的同时，再按要输入的字母键，即可快速输入相应的大写字母。

第1天 学习电脑很简单

3 练习使用键盘输入符号

学会使用键盘输入数字和字母的方法后，下面继续在记事本中练习输入双档字符键中的上档和下档字符，其具体操作如下。

❶ 按"Enter"键换行后，利用右手中指按键，将输入双档字符键中的下档字符","，如图1-32所示。

❷ 按住"Shift"键不放，再利用右手中指按键，将输入上档字符"<"，如图1-33所示。

图1-32 输入下档字符　　图1-33 输入上档字符

❸ 按照相同方法，继续在记事本中输入图1-34所示的符号。

图1-34 输入其他符号

1.4.3 敲击键盘的注意事项

在敲击键盘时，掌握正确的击键要领并养成良好的击键习惯，不仅能快速有效地在电脑中输入想要的字符，而且还不会产生疲劳感。初学电脑的老年读者还要注意，最好不要随意敲击。

正确的击键姿势： 两臂自然下垂，两肘轻贴于腋边，肘关节垂直弯曲，手腕平直，不可弓起，双手自然平放在键盘上，眼睛与显示器的距离约为30厘米。

正确的击键方法： 严格按照键位分工进行击键，敲击键盘时，用指尖垂直向键位使用冲力后手指应迅速松开，否则将连续输入一长串相同的字符。击键时用力不要太大，敲击一下即可。击键时主要是指关节用力，而不是手腕用力，否则容易疲劳。

15

1.5 正确重启和关闭电脑

学会正确打开电脑后，有的老年读者会问，如果不想使用电脑了，该如何关闭它呢？其实，电脑的打开和关闭都有一定的顺序，下面就来一起来学习怎样正确地重启和关闭电脑。

1.5.1 重启电脑

在使用电脑的过程中，当遇到某些故障或死机现象时，可以尝试重新启动电脑。重新启动是指关闭所有程序并退出操作系统，然后再启动电脑的过程，其具体操作如下。

❶ 利用鼠标左键单击屏幕左下角的⊞按钮，在"开始"菜单中单击左下角的⏻按钮，然后在弹出的子菜单中选择"重启"命令，如图1-35所示。

❷ 此时，系统将关闭所打开的程序，并关闭电脑，然后重新启动电脑，如图1-36所示。

图1-35 选择"重启"命令

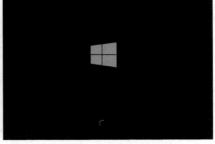
图1-36 重新启动电脑

1.5.2 关闭电脑

关闭电脑不能像关闭家用电器一样直接按下电源开关，而需要通过简单的操作来完成，否则可能会导致数据丢失，有时还容易损坏电脑。因此，养成正确的关机习惯是非常重要的，其具体操作如下。

❶ 关闭电脑中所有打开的窗口和应用程序后，利用鼠标左键单击屏幕左下角的⊞按钮，在打开的"开始"菜单中单击的⏻按钮，然后在弹出的子菜单中选择"关机"命令，如图1-37所示。

❷ 此时，屏幕显示"正在关机"，如图 1-38 所示，稍作等待后主机电源将自动关闭，然后按下显示器的电源按钮，关闭显示器，最后再关闭其他外部设备（如打印机）和插座电源。

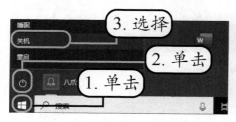

图1-37　选择"关机"命令　　　　　　图1-38　等待关闭电脑

提高学习阶段

学习内容： 熟悉操作系统中的各项元素、掌握设置系统的具体操作、学会使用系统自带的辅助工具，下一节将学习这些内容。

学习方法： 首先了解操作系统中的各项元素，然后掌握设置系统主题、外观和鼠标样式的方法，最后学会使用放大镜和讲述人小工具。要求熟练操作窗口、对话框和菜单元素，并熟练设置系统主题和外观。

1.6　熟悉电脑运行环境

电脑运行环境也就是我们常说的操作系统，我们对电脑进行的一切操作都需要在操作系统中进行。Windows 10 操作系统是目前较为流行的操作系统。下面就来认识和了解 Windows 10 操作系统。

1.6.1　桌面

启动电脑进入 Windows 10 操作系统后，屏幕上首先显示的画面被称作操作系统的桌面，它主要由桌面图标、桌面背景和任务栏组成，如图 1-39 所示。各组成部分的含义如下。

图1-39　Windows 10桌面

桌面图标： 桌面上的一个个小图块就是桌面图标，它代表一个程序的快捷方式或者一个文件，双击这些图标便可以打开相应的窗口或启动相应的程序。

桌面背景： 桌面背景又叫壁纸，可以根据自己的喜好随意更换，更换桌面背景后，桌面效果将更加赏心悦目。

任务栏： 位于桌面最下方，主要由"开始"按钮 ⊞、搜索框、"任务视图"按钮、程序按钮区、通知区域5部分组成，如图1-40所示。

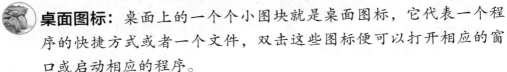

图1-40　任务栏

1 排列桌面图标

为了使桌面上杂乱无章的图标变得井然有序，可以通过 Windows 10 操作系统提供的多种排列桌面图标的命令来实现。操作方法为：在桌面空白区域单击鼠标右键后，在弹出的快捷菜单中选择"排序方式"命令，然后再在弹出的子菜单中选择相应的排列命令，如图 1-41 所示。

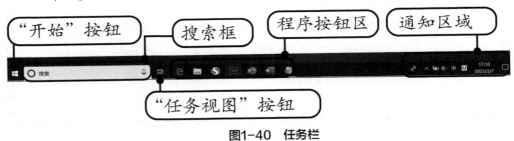

图1-41　排列桌面图标

2 重命名桌面图标

为了使桌面图标名称一目了然，可以根据实际需求重新为图标取名字，也就是所谓的"重命名"。方法为：在需要重命名的图标上单击鼠标右键，然后在弹出的快捷菜单中选择"重命名"命令，其图标下方的名称将变为可编辑状态，此时输入新的名称即可，如图 1-42 所示。

图1-42　重命名桌面图标

3 选中多个桌面图标

在选择桌面图标时，如果配合键盘上的"Shift"键或"Ctrl"键，就可以快速选择多个连续或不相邻的图标。方法为：先用鼠标选中第一个图标，然后按住"Shift"键再单击最后一个图标，即可选中这两个图标之间的所有图标，如图 1-43 所示；选中第一个图标后再按住"Ctrl"键，此时单击其他图标则可选中任意不相邻的图标，如图 1-44 所示。

图1-43　选中相邻的多个图标　　　　图1-44　选中不相邻的多个图标

1.6.2　窗口

在 Windows 10 操作系统中，大部分程序在使用和操作时，都是以窗口的形式呈现在桌面上。这些窗口的组成部分大致相同，主要包括标题栏、功能区、导航窗格和内容显示区等。下面以"此电脑"窗口为例来介绍窗口的组成部分，如图 1-45 所示。

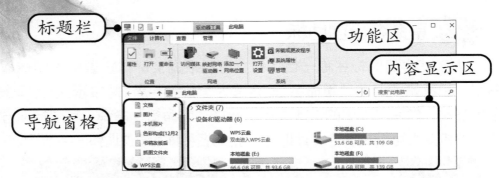

图1-45 "此电脑"窗口

标题栏： 位于窗口顶部，左侧为快速访问工具栏，单击▣按钮，可实现窗口最小化、最大化、关闭等操作；单击☑按钮可设置当前所选文件夹或驱动器的属性。右侧包含3个控制按钮 – □ ×，单击 – 可将窗口最小化到任务栏，单击 □ 或 ▢ 按钮可将窗口最大化显示或还原显示，单击 × 可关闭窗口。

功能区： 位于标题栏下方，其中包含了对窗口进行操作的所有命令。通过在功能区中选择相应的命令，可执行对应的操作。

导航窗格： 单击导航窗格文件夹列表中的文件夹，即可快速打开或切换到相应的文件夹或窗口中。

内容显示区： 用于显示当前窗口包含的对象或内容，只需双击对象图标便可查看详细内容。

1 移动窗口

当窗口处于非最大化或最小化状态时，将鼠标指针移至窗口标题栏的空白区域，按住鼠标左键不放拖动鼠标指针，移动到目标位置后再释放鼠标左键即可移动窗口。图 1-46 所示为移动窗口的前后效果对比。

图1-46 移动窗口的前后效果对比

2 改变窗口大小

　　窗口大小除了可以通过单击标题栏右侧的 − □ × 按钮来调整，还可以在窗口不是最大化时，将鼠标指针移至窗口的左右或上下边框上，当其变为↔或↕形状时，按住鼠标左键不放进行左右或上下拖动，改变窗口的宽度和高度，如图 1-47 所示。

　　除此之外，还可以将鼠标指针移至窗口的任意一个角上，当其变为↖或↗形状时，按住鼠标左键不放进行斜向上或斜向下拖动，可同时改变窗口的高度和宽度，如图 1-48 所示。

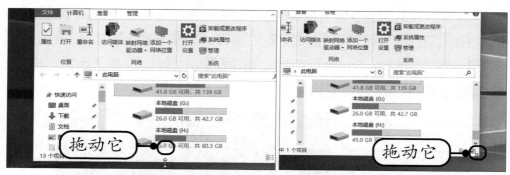

图1-47　改变窗口高度　　　　　图1-48　同时改变窗口的高度和宽度

3 切换窗口

　　将鼠标指针移至任务栏的某个任务按钮上，此时将展开所有打开的该类型文件的缩略图，单击任意一个缩略图即可快速切换到该窗口，如图 1-49 所示。

图1-49　利用任务按钮切换窗口

1.6.3 菜单

菜单主要用于存放各种操作命令，Windows 10 操作系统中的菜单包括"开始"菜单、右键快捷菜单和窗口下拉菜单等。下面讲解各菜单的含义。

1 "开始"菜单

电脑中几乎所有程序和文件都可以通过"开始"菜单打开。单击桌面左下角的⊞按钮或按键盘上的"Win"键均可打开"开始"菜单，如图 1-50 所示。直接单击左侧应用程序列表区和右侧窗格中常用程序分类汇总区的选项可打开相关程序和窗口，单击左侧常用功能按钮区中的按钮可以打开"文档"窗口；单击按钮可以打开"图片"窗口；单击按钮可以打开"设置"窗口。

图1-50　"开始"菜单

2 右键快捷菜单

电脑中的许多对象都可以通过其快捷菜单来进行操作。方法为：在要操作的对象图标上单击鼠标右键可弹出相应的快捷菜单，其中列出了针对该对象可执行的一些命令，选择所需命令后即可执行对应操作，如图 1-51 所示。

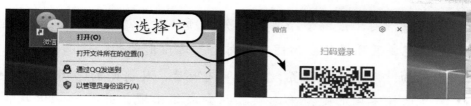

图1-51　利用右键快捷菜单打开微信登录窗口

3 窗口下拉菜单

窗口下拉菜单通常会出现在系统窗口或应用程序窗口中，其中包含了各种菜单命令，单击相应的菜单项，即可打开对应的菜单，如图1-52所示，在菜单中列出了当前可执行的各种菜单命令。

图1-52　窗口下拉菜单

其中，字母标记表示该菜单命令的快捷键，如"Ctrl+S"组合键表示"停止"命令的快捷键；▶标记则表示选择该菜单命令后将弹出相应的子菜单，然后再在打开的子菜单中进行下一步设置。

1.6.4　对话框

对话框不同于窗口，它通常没有地址栏和菜单栏，而且对话框的大小是固定不变的。在 Windows 10 操作系统和各种应用软件中，选择某个命令或单击某个按钮都有可能打开对话框。下面以图 1-53 所示的"鼠标 属性"对话框为例，详细讲解对话框中常用元素的作用。

图1-53　"鼠标 属性"对话框

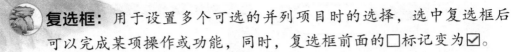

复选框： 用于设置多个可选的并列项目时的选择，选中复选框后可以完成某项操作或功能，同时，复选框前面的□标记变为☑。

单选项： 用于选择设置，选中单选项后，其前面的◯标记变为◉。与复选框不同的是，单选项往往会成组出现，并且一组中只能选择一个单选项。

数值框： 用于设置对象的具体参数。用户可以直接在数值框中输入所需数值，也可单击右侧的⬍按钮来逐个增加或减小数值。

按钮： 一般为矩形，上面显示了该按钮的名称，单击按钮即可执行相应操作。若按钮名称后面带有"..."标识，表示单击该按钮后将会打开新的对话框。

选项卡： 当一个对话框中的参数较多时，将按参数类别分成几个选项卡，每个选项卡都有一个名称，单击选项卡即可进入相应的设置界面。

1.7 让电脑符合使用习惯

在 Windows 10 操作系统中，可以设置个性化的系统环境，如更改系统主题、设置系统外观，以及调整屏幕亮度和分辨率等，这样就可以打造一个专属于自己的系统环境，让电脑操作起来更加得心应手。

1.7.1 更改系统主题

Windows 10 操作系统提供的主题是将桌面背景、窗口颜色、声音和屏幕保护程序等设置集合在一起形成的一个整体风格。下面将 Windows 10 操作系统主题更改为"鲜花"，其具体操作如下。

❶ 在 Windows 10 桌面空白区域单击鼠标右键，在弹出的快捷菜单中选择"个性化"命令，此时将打开"个性化"界面。

❷ 单击"主题"按钮，在"主题"选项卡的"应用主题"栏中单击"鲜花"主题，如图 1-54 所示。

❸ 单击窗口标题栏右侧的 × 按钮，关闭"个性化"界面，此时 Windows 10 操作系统的外观将自动应用"鲜花"主题，效果

如图 1-55 所示。

图1-54 单击要应用的主题 　　　　图1-55 更改系统主题后的效果

1.7.2 设置系统外观

设置系统外观包括更换桌面壁纸、改变字体显示大小和设置屏幕保护程序等，上述操作都可以在"个性化"界面中进行，下面将分别介绍其设置方法。

1 更换桌面壁纸

Windows 10 操作系统默认的桌面壁纸会稍显单调和乏味。此时，可以将桌面背景更换为自己喜欢的风景照或亲人照片，其具体操作如下。

❶ 按照前面介绍的方法打开"个性化"界面，然后单击"背景"按钮，在展开的"背景"选项卡中单击"浏览"按钮，如图 1-56 所示。

❷ 打开"打开"对话框，选择"孙子相册"文件夹中的图片，然后单击 选择图片 按钮，如图 1-57 所示。

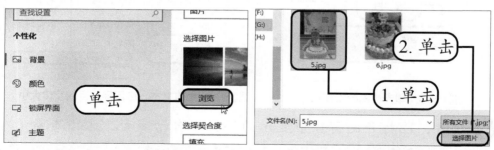

图1-56 单击"浏览"按钮 　　　　图1-57 选择背景照片

❸ 返回"个性化"界面的"背景"选项卡中，此时选项卡中的图片背景将显示为新选择的图片，如图 1-58 所示。

25

④ 单击"设置"窗口右上角的 × 按钮，返回桌面，此时桌面背景将显示为孙子的生日照片，如图1-59所示。

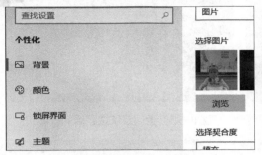

图1-58　背景照片成功替换

图1-59　查看新桌面

2 改变字体显示大小

某些老年读者可能会觉得屏幕上的图标和窗口中显示的文字太小，看起来比较吃力。为了更容易阅读屏幕上的内容，可以适当增大窗口中显示的文字，其具体操作如下。

❶ 在"开始"菜单中单击常用功能按钮区中的 ⚙ 按钮，打开"设置"窗口，单击"系统"按钮，如图1-60所示。

❷ 打开"系统"界面中的"显示"选项卡，在窗口右侧的"缩放与布局"栏中单击"更改文本、应用等项目的大小"下拉列表框，在展开的下拉列表中选择"125%"选项，如图1-61所示。

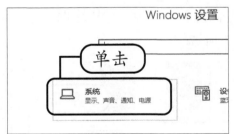

图1-60　单击"系统"按钮

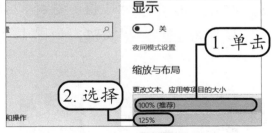

图1-61　更改文本、应用等项目的字体大小

❸ 此时，已打开的窗口中显示的字体将自动变大，方便查看。

1.7.3　更改鼠标指针样式

看惯了 Windows 10 操作系统自带的鼠标指针样式，是否想尝试一

些新的鼠标指针样式呢？下面就将鼠标指针更改为"Windows 标准（特大）"样式，其具体操作如下。

❶ 打开"设置"窗口后，单击"设备"按钮，在打开的"设备"界面中单击"鼠标"按钮，然后在窗口右侧的"相关设置"栏中单击"其他鼠标选项"超链接，如图 1-62 所示。

❷ 打开"鼠标 属性"对话框，单击"指针"选项卡，在"方案"下拉列表中选择"Windows 默认 (特大) (系统方案)"选项，如图 1-63 所示，最后单击"确定"按钮。此时，鼠标指针将自动变大。

图1-62　单击"其他鼠标选项"超链接

图1-63　选择要应用的指针样式

1.7.4　调整屏幕亮度和分辨率

　　为了保护视力健康，老年读者可以手动降低显示器屏幕的亮度，让屏幕看起来不那么刺眼。此外，还可以通过更改屏幕分辨率，来增大图标和窗口文字。需要注意的是，分辨率越高，桌面图标就越小，其具体操作如下。

❶ 在"开始"菜单中单击 ⚙ 按钮，打开"设置"窗口，单击"系统"按钮。

❷ 在打开的"系统"界面中单击"显示"按钮，打开"显示"选项卡，在"亮度和颜色"栏中，拖动鼠标指针移动"更改亮度"滑块 ▮ 调整屏幕亮度，如图 1-64 所示。向左拖动表示降低屏幕亮度，向右拖动则表示增加屏幕亮度。

❸ 在"显示"列表框中单击"缩放与布局"栏中的"分辨率"下

拉列表框，在弹出的下拉列表中选择所需的屏幕分辨率选项，如图 1-65 所示。

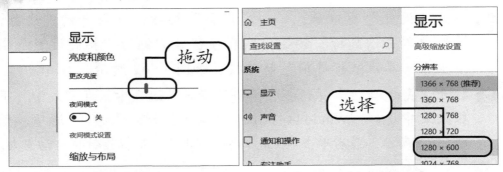

图1-64 调整屏幕亮度　　　　图1-65 设置屏幕分辨率

❹ 此时电脑显示器屏幕将自动调整分辨率，稍后显示调整效果，并弹出"显示设置"对话框，单击 保留更改 按钮完成设置。

1.8　对老年人有用的辅助工具

Windows 10 操作系统提供了多种适合老年读者使用的辅助工具，如可以使用"计算器"帮忙算账、使用"便笺"写备忘记录等。下面主要介绍放大镜和讲述人这两种辅助工具的使用方法。

1.8.1　放大镜

对于视力不太好的老年读者来说，可能会觉得电脑上的文字太小，看起来比较费劲，此时可以使用 Windows 10 操作系统自带的放大镜程序，将屏幕上显示的局部画面放大，以便查看，其具体操作如下。

❶ 在"开始"菜单中选择【Windows 轻松使用】/【放大镜】命令，启动"放大镜"程序，如图 1-66 所示。

❷ 此时显示屏幕顶部将出现放大区域，该区域显示的是鼠标指针附近的放大图像，效果如图 1-67 所示。

❸ 在"放大镜"对话框中可以设置放大的倍数，单击 ➖ 按钮减小放大比例，单击 ➕ 按钮增加放大比例，如图 1-68 所示。

图1-66 启动"放大镜"程序

图1-67 查看放大效果

4 单击"放大镜"对话框中的 ⚙ 按钮，可在打开的"放大镜选项"对话框中设置放大镜的相关参数，如图1-69所示。

图1-68 设置放大比例

图1-69 设置放大镜参数

1.8.2 讲述人

"讲述人"是 Windows 10 操作系统提供的非常实用的一个基本屏幕读取器。通过它，电脑可以将屏幕上的文本内容高声阅读出来。除此之外，用户还可以根据需要选择阅读文本。下面将使用该程序阅读在记事本中输入的字母，其具体操作如下。

1 选择【开始】/【Windows 附件】/【记事本】命令，启动"记事本"程序。

2 选择【开始】/【Windows 轻松使用】/【讲述人】命令，启动"讲述人"程序，如图1-70所示。

3 稍后将在任务栏的程序显示区中显示"讲述人"程序的图标 🐧，单击此图标，打开"'讲述人'设置"对话框，在其中可以对"讲述人"的启动方式、与电脑互连方式、语音等参数进行设置，这里单击"语音"选项，如图1-71所示。

4 打开"语音"设置界面，在其中可以拖动鼠标指针移动滑块对讲述人的语速、音量、音调进行调节，如图1-72所示，最后单击"保存更改"按钮。

29

图1-70 启动"讲述人"程序

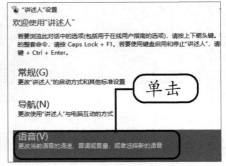

图1-71 单击"语音"按钮

5 单击"记事本"窗口，在输入光标处根据正确的键位指法，输入图1-73所示的内容，此时，电脑会自动朗读输入的每一个字符。

6 完成输入操作后，如果不需要继续朗读输入文本，则可单击"'讲述人'设置"对话框中的"退出"按钮，退出"讲述人"程序。

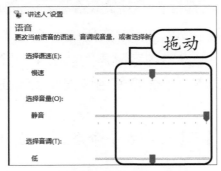

图1-72 设置讲述人语音

图1-73 电脑自动朗读输入文本

练习阶段

练习内容： 打开电脑排列桌面图标，设计自己喜欢的桌面。

视频路径： 配套资源\第1天\练习阶段\练习一.mp4、练习二.mp4。

练习一 打开电脑并排列桌面图标

下面练习通过拖动鼠标指针的方法，将桌面上的系统图标排列成

一个矩形，完成后的最终效果如图 1-74 所示。

图1-74 排列桌面图标

步骤提示

◎ 成功接通电源后，先按显示器的开关按钮，再按主机上的开关按钮。

◎ 在 Windows 10 操作系统桌面上单击鼠标右键，在弹出的快捷菜单中选择"查看"命令，然后在弹出的子菜单中选择"自动排列图标"命令，取消该命令前的 ✓ 标记。

◎ 在要移动的桌面图标上按住鼠标左键不放并拖动鼠标指针调整其位置。

练习二 设计自己喜欢的桌面

下面练习将桌面更换成自己喜欢的图片，完成后的最终效果如图 1-75 所示。

图1-75 设计桌面

步骤提示

◎ 用鼠标右键打开"个性化"界面，在"背景"选项卡的"选择图片"栏中选择第 3 张图片。

◎ 在"个性化"界面中单击"颜色"按钮，在"颜色"选项卡中单击"从我的背景自动选取一种主题"复选框。

更上一层楼 | 使用高对比度
将程序固定到"开始"屏幕

技巧一： 老年读者使用电脑时，可以选择高对比度主题，它可以让阅读变得更高效，让画面变得更加精简。在Windows 10操作系统中启用高对比功能的方法为：在"设置"窗口中单击"轻松使用"按钮，在打开的"轻松使用"界面中单击"高对比度"按钮，然后在展开的"高对比度"选项卡中单击"关"按钮，如图1-76所示，稍后电脑将自动调整对比度，并显示高对比度开启后的效果，如图1-77所示。

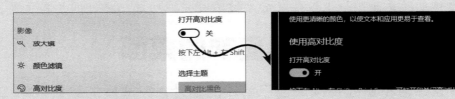

图1-76　单击"关"按钮　　　　　图1-77　启用高对比度后的窗口效果

技巧二： 对于经常使用的程序或软件，可将其固定到"开始"屏幕中，方便快速启动。方法为：打开"开始"菜单后，在需要固定的程序上单击鼠标右键，然后在弹出的快捷菜单中选择"固定到'开始'屏幕"命令即可，如图1-78所示。

图1-78　将程序固定到"开始"屏幕

在电脑中这样打字

学习目标

　　老年人在使用电脑时，除了要掌握基本的电脑操作外，学会在电脑中输入所需汉字也是至关重要的。下面将详细介绍如何在电脑中打字，涉及的知识包括选择适合自己的输入法、添加和删除输入法，以及学会使用微软拼音输入法等。

学习内容

- ❀ 了解常用输入法
- ❀ 学会添加和删除输入法
- ❀ 掌握输入法状态条的作用
- ❀ 学会使用微软拼音输入法
- ❀ 了解语音输入法
- ❀ 了解手写输入法

基础学习阶段

学习内容：输入法的选择、输入法的添加和删除操作、认识"金山打字通"打字软件。

学习方法：首先选择适合自己的输入法，然后将其添加到电脑中，最后在"金山打字通"软件中进行模拟打字练习，找找在电脑中打字的感觉。

2.1 打字前的准备工作

老年读者可能会感到很困惑，电脑中并没有日常生活中所用的纸和笔，要如何才能输入自己想要的汉字呢？别急，在进行打字操作之前，我们首先来了解一下打字前的相关准备工作。

2.1.1 选择适合自己的输入法

输入法种类繁多，除了操作系统自带的输入法外，还可以安装其他输入法。根据汉字的输入方式，输入法主要分为拼音输入法和字形输入法两类，老年读者可以根据自己的情况来选择。

拼音输入法：它根据汉字的汉语拼音进行输入，该输入法具有简单、易学的优点，只要懂得汉语拼音就能使用，非常适合老年读者。常见的拼音输入法包括微软拼音输入法、搜狗拼音输入法等。

字形输入法：它根据汉字的偏旁部首、笔画和结构进行输入，该输入法的特点是输入速度快，但需要记忆的内容较多，学习起来相对比较复杂。常见的字形输入法包括万能五笔输入法、搜狗五笔输入法、QQ 五笔输入法等。

2.1.2 添加和删除输入法

要想使用操作系统中没有的输入法，需要将其添加到电脑中，然

34

后才能使用。若想释放电脑的内存空间，则可将无用的输入法删除。

🌸1 添加输入法

输入法列表中显示的并不一定是电脑中安装的全部输入法，此时，可以根据需要添加输入法。下面将添加"搜狗拼音输入法"，其具体操作如下。

1 在语言栏中的 **M** 图标上单击鼠标右键，然后在弹出的菜单中选择"语言首选项"命令，如图 2-1 所示。

2 打开"设置"窗口，在显示的"区域和语言"选项卡中，单击"中文（中华人民共和国）"按钮，在展开的列表中单击 选项 按钮，如图 2-2 所示。

图2-1　选择"语言首选项"命令

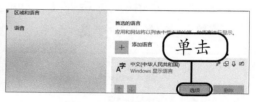

图2-2　单击"选项"按钮

3 打开"中文（中华人民共和国）"界面，在"键盘"栏中单击"添加键盘"按钮 **+**，然后在展开的列表中选择"搜狗拼音输入法"选项，如图 2-3 所示。

4 此时，在"键盘"栏可以看到添加的"搜狗拼音输入法"，如图 2-4 所示，最后单击"设置"窗口右上角的"关闭"按钮 **✕** 完成添加。

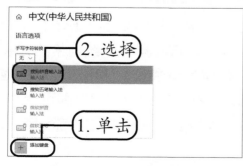

图2-3　选择要添加的输入法

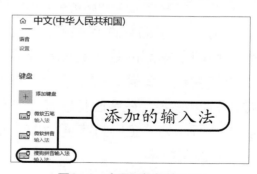

图2-4　查看添加的输入法

2 删除输入法

对于不再使用的输入法，可以将其从输入法列表中删除。下面将删除微软五笔输入法，其具体操作如下。

1 在语言栏中的 M 图标上单击鼠标右键，然后在弹出的菜单中选择"语言首选项"命令。

2 打开"设置"窗口中的"区域和语言"选项卡，单击"中文（中华人民共和国）"按钮，在展开的列表中单击 选项 按钮，如图2-5所示。

3 打开"中文（中华人民共和国）"界面，在"键盘"栏中单击"微软五笔"选项，然后在展开的列表中单击 删除 按钮，如图2-6所示，最后单击"设置"窗口右上角的"关闭"按钮 × 完成输入法删除操作。

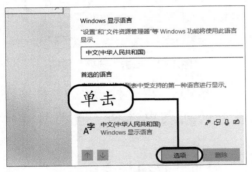

图2-5 单击"选项"按钮

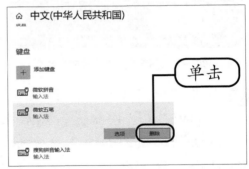

图2-6 选择要删除的输入法

2.1.3 认识打字软件

练习打字的软件有很多，如金山打字通、打字高手、五笔打字通等，目前最常用的是"金山打字通"软件，它比操作系统自带的记事本更加智能、有趣，并且设计了多个有趣的小游戏，让用户能轻松地提高打字速度。在金山打字通官方网站下载并安装应用程序即可使用，图2-7所示为"金山打字通2016"的工作界面，在其中可以练习英文、拼音和五笔打字。

第 **2** 天　在电脑中这样打字

图2-7　"金山打字通 2016"工作界面

提高学习阶段

学习内容： 汉语拼音与键盘字母的关系，熟悉输入法状态条，使用微软拼音输入法输入汉字，了解语音和手写输入法。

学习方法： 首先掌握汉语拼音与键盘字母的关系，并熟练操作输入法状态条，然后着重在"金山打字通 2016"软件中进行拼音打字练习，最后尝试使用语音或手写输入方式在电脑中输入汉字。

2.2　使用拼音打字

拼音输入法使用起来非常简单，只需在中文状态下将汉字的汉语拼音输入电脑，然后再从同音字中选出需要的汉字即可。只要会拼音就可输入汉字。老年读者可以选择系统自带的微软拼音输入法，学习起来也很容易。

2.2.1 汉语拼音与键盘字母的关系

为了帮助老年读者学习拼音输入法，下面首先介绍一些汉语拼音知识，再讲解如何通过拼音输入汉字。

汉语拼音字母： 汉语拼音字母中有 A～Z 共 26 个字母，分别对应键盘中的 26 个字母键。这 26 个字母构成了 23 个声母和 24 个韵母，如图 2-8 所示。汉语拼音便由声母和韵母拼写而来，声母在前，韵母在后。

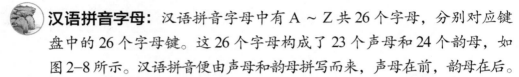

图2-8　汉语拼音的构成

汉语拼音韵母： 汉语拼音韵母中的字母 ü 比较特殊。当它前面没有声母时，或与声母 j、q、x 拼写时，ü 省略上面两点写成 u，此时对应键盘上的字母键"U"；若不能省略这两点，仍然写成 ü 时，则对应键盘上的字母键"V"。

2.2.2 输入法状态条的作用

输入法状态条表现了当前使用的输入法类型和该输入法的状态。下面以微软拼音输入法状态条为例，讲解对状态条的常用操作。

中 / 英文切换： 单击状态条中 中 按钮可在中 / 英文输入状态之间切换。当显示 中 按钮时，表示中文输入状态；显示 英 按钮，则表示英文输入状态，如图 2-9 所示。

图2-9　中/英文切换

中 / 英文标点切换： 单击状态条中的 °, 按钮可在中 / 英文标点符号间切换。显示 ., 按钮，表示英文标点符号输入状态；反之，表

示中文标点符号输入状态，如图 2-10 所示。

图2-10　中/英文标点符号切换

全 / 半角切换： 单击 ♪ 按钮可在全 / 半角符号之间进行切换。当显示 ♪ 按钮时，表示当前为半角状态；显示 ● 按钮，则表示当前为全角状态，如图 2-11 所示。

图2-11　全/半角切换

输入法切换： 单击状态条中的 M 按钮，可在弹出的输入法列表中选择要切换的输入法，如图 2-12 所示。

图2-12　输入法列表

小提示　设置微软拼音输入法

　　单击输入法状态条中的"输入法设置"按钮 ⚙，在打开的"设置"窗口中可对微软拼音输入法的拼音模式、按键方式及外观和词库等功能进行设置。

2.2.3　使用微软拼音输入法

　　要想在电脑中输入文字，首先就要打开可输入文字的场所，即我们常说的打字场所。在 Windows 10 操作系统中，自带的打字场所有"写字板"和"记事本"两种。下面将使用微软拼音输入法在"记事本"程序中输入汉字"我的旅行日记"，其具体操作如下。

1 单击"开始"按钮▦，在打开的"开始"菜单中选择【Windows 附件】/【记事本】命令，如图 2-13 所示。

2 启动"记事本"程序后，单击语言栏的 **S** 按钮，在弹出的输入 法列表中选择"微软拼音"选项，如图 2-14 所示。

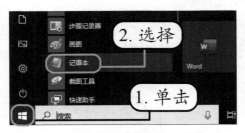
图2-13　启动"记事本"程序

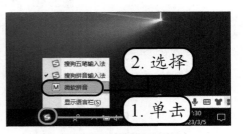
图2-14　切换至微软拼音输入法

3 依次按下键盘上的"W"键和"O"键，输入全拼编码"wo"，此时将打开文字候选框，并显示出读音为"wo"的汉字。单击文字候选框中的"我"字或直接按键盘中的空格键便可在输入光标处显示选择的汉字，如图 2-15 所示。

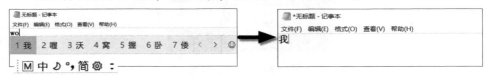
图2-15　全拼输入第1个汉字"我"

4 输入汉字"的"的声母"d"，即对应键盘中的"D"键，打开图 2-16 所示的文字候选框，直接按空格键即可在"记事本"程序中输入汉字"的"。

5 输入词组"旅行"，分别输入"旅"字的完整拼音编码"lv"和"行"字的声母"x"，即对应键盘中的"L"键、"V"键和"X"键，打开图 2-17 所示的文字候选框，直接按空格键即可在"记事本"程序中输入词组"旅行"。

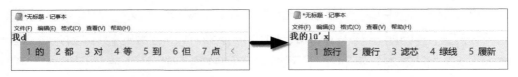
图2-16　简拼输入第2个汉字"的"　　　图2-17　混拼输入词组"旅行"

6 输入词组"日记"的声母"r"和"j"，即对应键盘中的"R"
和"J"，在打开的文字候选框中单击词组"日记"或按数字键
"4"，即可输入词组"日记"，如图 2-18 所示。

图2-18　简拼输入词组"日记"

2.3　其他打字方法

除了前面介绍的通过敲击键盘的方法来输入汉字，还可以通过语
音和手写两种方式来输入汉字。下面就分别介绍其使用方法。

2.3.1　语音输入汉字

对汉语拼音不太熟练的老年读者，可以选择语音输入方式来输入
想要的汉字。在语音输入方式时需要用到麦克风，所以电脑必须配备有
麦克风。下面就介绍如何使用"Windows 语音识别"功能在记事本中输
入汉字"你好"，其具体操作如下。

1 将麦克风成功接入电脑后，选择【开始】/【Windows 轻松使用】/
【Windows 语音识别】命令，如图 2-19 所示。

2 打开"设置语音识别"对话框，单击 下一步(N) 按钮，如
图 2-20 所示，进入选择麦克风类型操作。

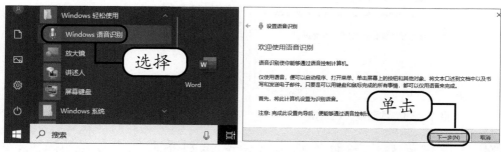

图2-19　启动"Windows语音识别"功能　　图2-20　单击"下一步"按钮

3 打开的对话框中提供了"头戴式麦克风""桌面麦克风""其

他"3 种不同的麦克风类型，根据实际情况选择对应的类型，如图 2-21 所示，然后单击 下一步(N) 按钮，进入设置麦克风的操作。

❹ 打开"设置麦克风"对话框，根据对话框中的提示内容，正确佩戴好麦克风，如图 2-22 所示，然后再依次单击 下一步(N) 按钮，设置其他内容。

图2-21　选择麦克风类型

图2-22　正确佩戴麦克风

❺ 打开"调整 Internal Microphone（Conexant SmartAudio HD）的音量"对话框，用自然的声音念出对话框中的一段话，如图 2-23 所示，然后再依次单击 下一步(N) 按钮，设置其他内容。

❻ 设置完成后，单击 开始教程(S) 按钮将进入语音识别教程学习；单击 跳过教程(P) 按钮直接进入语音识别。这里单击 跳过教程(P) 按钮，如图 2-24 所示。

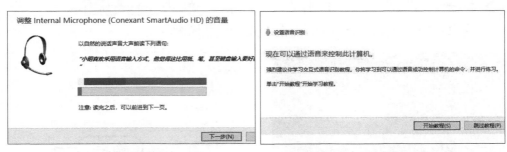
图2-23　调整麦克风音量　　　　图2-24　开始语音输入

❼ 完成设置后，桌面顶端出现语音识别界面，单击左侧的 按钮，开启语音识别，此时按钮变为 ，同时黑色屏幕显示"正在聆听"字样，如图 2-25 所示。

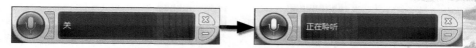

图2-25　开启语音识别功能

8 启动"记事本"程序，然后对着话筒用标准的普通话说出您想要输入的文字，系统就会将您所说的文字输入记事本中。

2.3.2　手写输入汉字

　　利用手写识别方式输入汉字很简单，只需切换到手写输入模式后，在"输入板"中用鼠标拖动指针书写汉字即可。下面将使用手写识别方式在"记事本"程序中输入汉字"福"。

1 启动"记事本"程序后，在状态栏中的空白处单击鼠标右键，在弹出的快捷菜单中选择"显示触控键盘按钮"命令，如图 2-26 所示。

2 此时，状态栏的右侧将显示"触控键盘"按钮▦，单击该按钮，如图 2-27 所示。

图2-26　显示触控键盘按钮

图2-27　单击"触控键盘"按钮

3 此时，在 Windows 系统桌面底部将显示屏幕键盘，单击键盘左上角的▦按钮，在展开的列表中单击"手写"按钮✍，如图 2-28 所示。

图2-28　选择手写输入模式

❹ 进入手写输入模式，在显示的空白输入区域中拖动鼠标指针书写汉字"福"，此时，输入区域上方的选词框中会出现与手写的汉字字形相近的字，在其中选择需要的汉字，如图2-29所示，即可将该字输入记事本中。

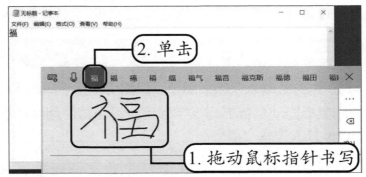

图2-29 利用手写输入模式在记事本中输入汉字"福"

练习阶段

练习内容： 在打字软件中练习拼音输入法，并使用手写输入模式输入汉字。

视频路径： 配套资源 \ 第 2 天 \ 练习阶段 \ 练习一 .mp4、练习二 .mp4。

练习一　在打字软件中练习拼音输入法

下面将在金山打字通软件中练习拼音打字，可以依次从音节、词组和文章上循序渐进地进行练习。图 2-30 所示为进行音节练习的界面。

步骤提示

◎ 将金山打字通软件安装到电脑后，双击桌面上的 图标，启动该软件。

◎ 在"金山打字通 2016"主界面中创建昵称后，单击"拼音打字"按钮 *Pin* ，在打开的提示界面中选择好练习模式。

◎ 进入"拼音打字"界面，如图 2-31 所示，在其中可以进行音节、词

组和文章的练习。

图2-30　进行音节练习的界面

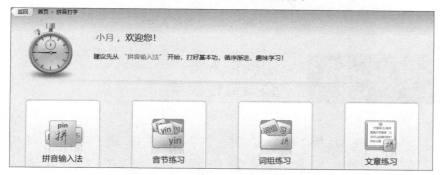

图2-31　金山"拼音打字"界面

练习二　使用手写功能输入《春晓》

下面练习在"记事本"程序中，利用手写功能输入古诗《春晓》，输入完成后的最终效果如图 2-32 所示。

步骤提示

◎ 启动"记事本"程序后，在状态栏的空白区域处单击鼠标右键，然后在弹出的快捷菜单中选择"显示触控键盘按钮"命令。

◎ 单击状态栏中显示的"触控键盘"按钮▦，启动屏幕键盘，单击键盘左上角的▦按钮，在展开的列表中单击"手写"按钮☑。

◎ 在输入区域中拖动鼠标指针手写要输入的汉字，然后在选词框中选择需要的汉字，即可将其输入打开的记事本中。

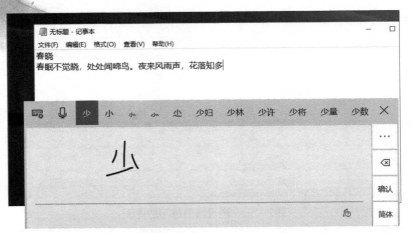

图2-32　利用手写功能输入古诗

　切换输入法
翻页查找汉字

技巧一: 在切换输入法时,除了可以通过语言栏中的输入法按钮进行选择外,还可以按键盘中的"Ctrl+Shift"组合键进行快速选择。每按一次该组合键,便可切换一种输入法。

技巧二: 如果要输入的汉字或词组未显示在文字候选框中,此时可单击候选框中的"下翻"按钮 > 或直接按键盘中的"+"键,在打开的文字候选框的下一页中继续进行查找,如图2-33所示。

图2-33　翻页查找要输入的汉字

有效管理电脑资源

学习目标

　　电脑能够存储海量的信息资料，那么，这些信息是以何种形式存储的？又该如何管理呢？下面就带着这些疑问，学习管理文件和文件夹的方法，以及如何从数码设备复制文件等操作，以便能将自己电脑中的文件管理得井井有条。

学习内容

- 了解什么是磁盘、文件和文件夹
- 了解查看文件和文件夹的方法
- 掌握新建、移动、复制及删除文件或文件夹的操作
- 学会如何将数码照片复制到计算机中
- 学会如何将手机中的文件复制到计算机中
- 掌握安装和卸载软件的操作方法

基础学习阶段

学习内容： 认识磁盘、文件和文件夹，了解文件和文件夹的
查看和显示方式，管理文件和文件夹。

学习方法： 首先了解文件管理的相关知识，然后在电脑中通
过练习，学会新建、选择、移动、复制及删除文
件和文件夹的具体操作方法。

3.1 文件管理的基础知识

为了使电脑中的文件和文件夹井然有序、方便操作，必须了解磁
盘、文件和文件夹的关系，以及查看文件和文件夹的具体操作。下面就
从文件管理基础知识开始学习。

3.1.1 认识磁盘、文件和文件夹

要想学会管理电脑中的文件和文件夹，首先应该了解什么是磁盘、
文件和文件夹，下面将详细讲解。

磁盘： 磁盘是电脑的存储设备，相当于现实生活中的文件柜、书
柜、档案柜等。所有的电脑资料都保存在磁盘中，为了方便管
理，这个"档案柜"也会被分成不同的部分，取名为"本地磁
盘 (C:)""本地磁盘 (D:)"等，如图 3-1 所示。

文件： 电脑中的文件类型很多，可以是图片、文本和音乐等。通
过文件图标，我们可以看出文件的类型，如图片或音乐等，而文
件名称则可以具体告诉我们文件的内容是什么，如图 3-2 所示。

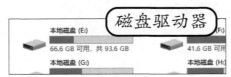

图3-1 磁盘

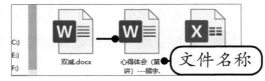

图3-2 文件

文件夹： 文件的数量越来越多，混杂在一起，不容易查找，怎么

办? 将同一类型的文件放入同一个文件夹中，这样就容易集中分类管理了。如图片文件夹、声音文件夹等，文件夹同样由文件夹图标和文件夹名称组成，如图3-3所示。

图3-3　文件夹

小提示　通过图标判断文件类型

不同类型的文件可通过文件图标来判断，如Word文件的图标是▦、音乐文件的图标是♪、图片文件的图标是▤等，您可以根据文件图标判断并选择文件。

3.1.2　查看文件或文件夹

查看文件或文件夹的实质就是打开文件和文件夹，下面将查看电脑文件夹中的图片文件，其具体操作如下。

❶ 在桌面上双击"此电脑"图标▰，打开"此电脑"窗口。在该窗口中双击"本地磁盘 (G:)"图标▱，如图3-4所示。

❷ 在打开的窗口中即可查看 G 盘中的内容，这里可以看到有很多文件夹，双击其中的"2022年7月"文件夹，如图3-5所示。

图3-4　打开G盘　　　　图3-5　双击"2022年7月"文件夹

❸ 打开"2022年7月"文件夹，在其中可以查看到该文件夹中所包含的视频和图片文件，这里双击"IMG_5288.JPG"图片文件，即可浏览该图片的内容，效果如图3-6所示。

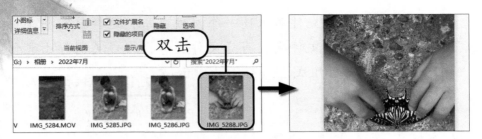

图3-6　双击打开要查看的图片文件

3.1.3　文件的不同显示方式

在 Windows 10 操作系统中，可以根据自己的喜好和实际需求更改文件或文件夹图标的大小，或者让文件或文件夹以列表、平铺、内容等方式显示。更改文件显示方式的方法为：单击文件夹窗口功能区中的"查看"选项卡，在"布局"组中显示了文件的不同显示方式，选择相应的选项即可更改文件的显示方式，图 3-7 所示为"大图标"方式显示文件的效果。常用显示方式的含义介绍如下。

图3-7　文件或文件夹的不同显示方式

 图标： 在此方式下将显示文件和文件夹的图标及名称，其中文件名显示在图标之下，如图 3-8 所示。

列表： 是将文件或文件夹以列表形式显示，此显示方式使文件一目了然，便于快速查找自己需要的文件，如图 3-9 所示。

图3-8　以"大图标"方式显示文件

图3-9　以"列表"方式显示文件

详细信息： 在此方式下将显示文件的日期、类型、大小等详细信息，如图 3-10 所示。

详细信息显示文件

名称	日期	类型	大小	时长
IMG_5283.MOV	2022/7/16 20:10	MOV 文件	16,371 KB	00:00:08
IMG_5284.MOV	2022/7/16 20:12	MOV 文件	10,153 KB	00:00:05

图3-10 以"详细信息"方式显示文件

3.2 管理文件和文件夹

管理文件和文件夹的操作包括新建、选择、移动、复制和删除等，操作起来也很容易。下面便详细介绍各种操作的实现方法。

3.2.1 新建文件夹

要对文件和文件夹进行分类管理，首先就需要新建文件夹来分类存储文件。下面在电脑的 G 盘中新建一个名为"新年聚会"的文件夹，其具体操作如下。

❶ 打开 G 盘后，单击"主页"选项卡，在"新建"组中单击"新建文件夹"按钮，如图 3-11 所示，或在 G 盘空白处单击鼠标右键，在弹出的快捷菜单中选择【新建】/【文件夹】命令。

❷ 此时将创建一个名为"新建文件夹"的文件夹，其名称为编辑状态。选择合适的输入法后，输入文件夹的新名称，然后按"Enter"键完成文件夹的创建，如图 3-12 所示。

图3-11 单击"新建文件夹"按钮

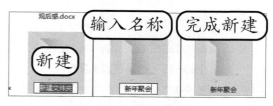

图3-12 创建新文件夹

3.2.2 给文件或文件夹改名

为了便于快速查找文件和文件夹，可以为它们改一个容易记住的名字。给文件或文件夹改名的方法相同，下面将"EOS 文件夹"文件夹

改名为"孙子周岁照",其具体操作如下。

❶ 在需要重命名的"EOS 文件夹"文件夹上单击鼠标右键,在弹出的快捷菜单中选择"重命名"命令,如图 3-13 所示。

❷ 此时文件夹名称呈可编辑状态,选择合适的输入法后输入文件夹的新名称,然后按"Enter"键确认操作,如图 3-14 所示。

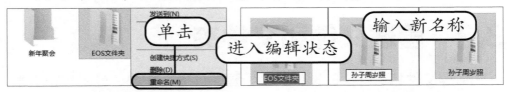

图3-13 选择"重命名"命令   图3-14 为文件夹更改名称

3.2.3 选择文件或文件夹

在对文件和文件夹进行各种管理之前,应先选择需要编辑的文件或文件夹。下面讲解选择文件和文件夹的各种方法。

 选择单个: 直接在要选择的文件或文件夹上单击鼠标,即可选择单个文件或文件夹,被选中对象将突出显示。

 选择连续的多个: 单击选择第一个文件或文件夹后,按住"Shift"键不放,单击最后一个文件或文件夹,即可选中它们之间所有的文件或文件夹,如图 3-15 所示。

 选择不连续的多个: 按住"Ctrl"键不放,依次单击需要选择的文件或文件夹即可选择不连续的多个对象,如图 3-16 所示。

2022年2月、3月	2.jpeg
2022年4月	3.jpeg
2022年5月	4.jpeg
2022年六一儿童节	5.jpeg

2022年2月、3月	2.jpeg
2022年4月	3.jpeg
2022年5月	4.jpeg
2022年六一儿童节	5.jpeg

图3-15 选择连续的多个   图3-16 选择不连续的多个

选择全部: 在文件夹窗口中单击"主页"选项卡,然后在"选择"组中单击"全部选项"按钮或按"Ctrl+A"组合键即可选择当前窗口中的所有对象。

3.2.4 移动文件或文件夹

移动文件或文件夹是指将原文件或文件夹从一个位置搬到另一个

位置，原位置的文件或文件夹将不存在，但其本身内容不发生改变。下面将"夹雪球"图片移至"下雪了"文件夹中，其具体操作如下。

1 选择需要移动的文件或文件夹（可以是多个），这里选择图片库中的"夹雪球"文件，然后在【主页】/【组织】组中单击"移动到"按钮，在打开的列表中选择"选择位置"选项，如图3-17所示。

2 打开"移动项目"对话框，选择目标文件夹，这里选择本地磁盘（G：）中的"下雪了"文件夹，然后单击 移动(M) 按钮，如图3-18所示，此时原文件就被移动到当前位置，而原位置的文件已经不存在了。

图3-17 执行移动操作

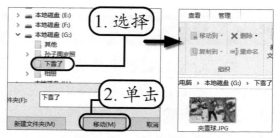

图3-18 将文件移动到目标文件夹

小提示 **利用组合键移动文件或文件夹**

选择要移动的文件或文件夹后，按"Ctrl+X"组合键可执行移动操作，然后打开存放文件或文件夹的窗口，按"Ctrl+V"组合键即可执行粘贴操作。

3.2.5 复制文件或文件夹

复制是指为原有的文件或文件夹在其他地方创建一个副本，即原位置和新位置都存在该文件或文件夹。下面将"打雪仗"图片复制到"下雪了"文件夹中，其具体操作如下。

1 选择要复制的文件或文件夹（可以是多个），这里选择图片库中的"打雪仗"文件，然后在【主页】/【组织】组中单击"复制到"按钮，在打开的列表中选择"选择位置"选项，如

图 3-19 所示。

❷ 打开"复制项目"对话框，选择目标文件夹，这里选择本地磁盘（G:）中的"下雪了"文件夹，然后单击 复制(C) 按钮，如图 3-20 所示，此时文件复制到当前位置，而原位置的文件依然存在。

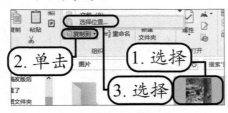 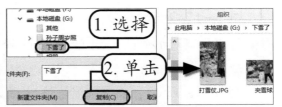

图3-19　执行复制操作　　　　图3-20　将文件复制到目标文件夹

3.2.6　删除文件或文件夹

为了让电脑看起来简洁、舒适，可以将不再使用的文件或文件夹从电脑中删除，以释放更多磁盘空间。下面将 G 盘中的"第一次爬雪山"文件夹删除，其具体操作如下。

❶ 打开 G 盘窗口，在其中选择要删除的"第一次爬雪山"文件夹，然后在【主页】/【组织】组中单击 ✕ 删除▾ 按钮，如图 3-21 所示。

❷ 此时所选文件夹将被删除，若想查看已删除的文件夹，可以双击桌面上的"回收站"快捷图标🗑，在打开的"回收站"窗口中即可查看，如图 3-22 所示。

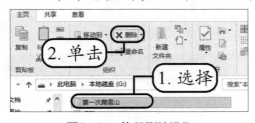 

图3-21　执行删除操作　　　　图3-22　查看已删除的文件夹

═══ 提高学习阶段 ═══

学习内容： 掌握从数码设备复制文件到电脑中，以及在电脑中安装和卸载软件的具体操作方法。

提高学习阶段

学习方法： 首先学习从手机复制文件到电脑，然后再学习从数码相机复制文件，最后练习在电脑中安装或卸载软件，以达到熟悉掌握的目的。

3.3 从数码设备复制文件

存储文件的设备除电脑硬盘外，还包括移动硬盘、U 盘，以及日常生活中最常用的手机、iPad 和数码相机等。下面便详细介绍从数码设备复制文件或将电脑中的文件复制到数码设备的具体操作。

3.3.1 将手机中的照片导入到电脑中

手机是我们日常生活中最容易接触到的拍摄设备，现在绝大部分人都会用手机拍摄照片了，手机方便也好携带。但如何把手机上的照片上传到电脑上呢，下面以苹果手机为例，使用数据线将手机中的照片导入电脑中，其具体操作如下。

❶ 成功启动电脑后，将手机数据线带有接口的一端插入机箱上的 USB 接口（指位于机箱前面板上的矩形接口）中，另一端插入手机充电接口处，如图 3-23 所示。

❷ 解锁手机，此时手机界面会弹出图 3-24 所示的提示信息，在手机上点击"允许"按钮后，电脑会自动与手机连接。

图3-23 手机与电脑相连

图3-24 点击"允许"按钮

❸ 稍后，将在桌面任务栏右下角弹出提示信息，单击该提示信息后，系统将弹出"Apple iPhone"窗口（不同手机显示的窗口内容有所不同），其中提供了对手机这台设备执行的不同操作，这里选择"导入照片和视频"选项，如图 3-25 所示。

图3-25　准备导入文件

④ 此时，计算机自动搜索手机中可导入的文件，待搜索完成后，在打开的"导入项目"对话框中，单击选中要导入照片左上角的复选框，如图 3-26 所示，最后单击对话框底部的 `导入 2 项(共 144 项)` 按钮。

⑤ 系统开始执行导入操作，导入完毕后，将弹出提示对话框，单击 `确定` 按钮，完成导入操作；单击超链接，则可在打开的"图片库"文件夹中查看从手机导入的照片，如图 3-27 所示。

⑥ 当不需要使用手机时，关闭通过手机数据线打开的窗口，然后将手机数据线从机箱中的 USB 接口中拔出即可。

图3-26　选择要导入的照片

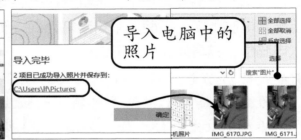

图3-27　查看导入电脑中的照片

3.3.2　将数码相机中的照片导入到电脑中

如今数码相机已成为休闲娱乐的常用工具，通过它不仅可以回味生活的点滴，而且还能与亲朋好友共同分享。在分享数码相机中的照片或视频之前，需要将其导入电脑中，其具体操作如下。

❶ 准备好相机配套的数据线，将输出端插入相机的数据接口，另一端插入电脑的 USB 接口，如图 3-28 所示，然后打开相机。

❷ 单击桌面右下角的信息提示框，系统将弹出"Canon EOS 600D"窗口（不同数码相机显示的窗口内容有所不同），其中

提供了导入和获取设备文件等多种方式，这里单击"导入图片和视频"选项，如图 3-29 所示。

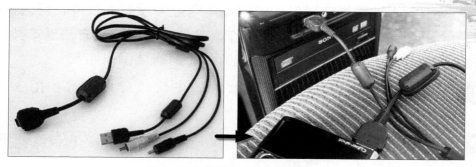

图3-28 将数码相机与电脑相连

3 计算机自动搜索可导入的文件，并打开"导入项目"窗口，单击选中要导入照片左上角的复选框，如图 3-30 所示，然后单击 导入 3 项(共 75 项) 按钮。

图3-29 准备导入文件

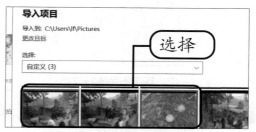

图3-30 选择要导入的照片

4 此时系统开始导入数码相机中的照片，稍作等待后将弹出"导入完毕"提示框，单击 确定 按钮完成导入操作，如图 3-31。

图3-31 成功导入数据相机中的照片

5 当不需要使用数码相机时，首先关闭通过数码相机打开的窗口，然后再关闭数码相机，并将连接到电脑 USB 接口的数据线拔出即可。

3.4　软件的安装

　　系统自带软件是有限的，要想使用电脑中没有的软件，那么在使用之前，需要对该软件进行安装操作，各种软件的安装方法基本类似。下面将安装打字软件"金山打字通 2016"，其具体操作如下。

1 获取软件安装程序后，双击软件的安装执行文件，如图 3-32 所示。

2 稍后将打开"金山打字通 2016"安装对话框，单击 下一步(N) > 按钮，如图 3-33 所示。

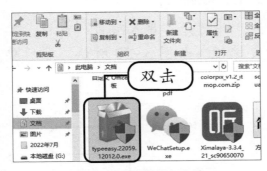

图3-32　双击安装执行文件

图3-33　单击"下一步"按钮

3 打开"许可协议"对话框，阅读协议内容后，单击 我接受(I) 按钮，如图 3-34 所示。

4 在打开的向导对话框中，设置在"开始菜单"中保存此软件的文件夹名称，这里保持默认设置，直接单击 安装(I) 按钮，如图 3-35 所示。

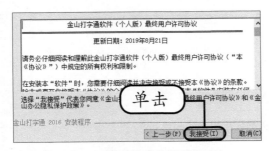

图3-34　同意安装此软件到电脑中

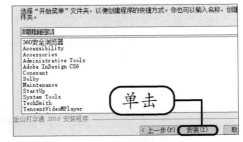

图3-35　单击"安装"按钮

⑤ 此时系统开始安装打字软件，并在向导对话框中显示安装进度。当金山打字通软件成功安装到电脑后，在打开的向导对话框中单击 完成(F) 按钮，稍后，便可进入该软件的主界面。

3.5 软件的卸载

对于不需要的软件，可以将其删除。删除软件也就是卸载软件，通常在"设置"窗口中进行。下面将删除"喜马拉雅"软件，其具体操作如下。

① 在"开始"菜单中单击 ⚙ 按钮，打开"设置"窗口，单击"应用"按钮，如图3-36所示。

② 在打开的"应用和功能"选项卡中，单击要删除的程序，这里单击"喜马拉雅"选项，然后在展开的列表中单击 卸载 按钮，在弹出的提示框中单击 卸载 按钮，如图3-37所示。

图3-36 单击"应用"按钮

图3-37 准备卸载所选程序

③ 此时系统打开确定卸载软件的提示对话框，单击"仍要卸载"超链接，如图3-38所示。

④ 系统开始卸载"喜马拉雅"程序，并显示卸载进度，如图3-39所示，稍作等待后，将完成软件卸载操作。

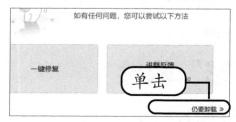

图3-38 确认执行卸载操作

图3-39 正在卸载软件

练习阶段

练习内容： 建立"家庭相册"文件夹，安装"爱奇艺"软件，导入视频文件到计算机。

视频路径： 配套资源 \ 第 3 天 \ 练习阶段 \ 练习一 .mp4、练习二 .mp4、练习三 .mp4。

练习一　建立"家庭相册"文件夹

下面练习文件管理的相关操作，包括新建文件夹、移动文件和删除文件等。图 3-40 所示为新建"家庭相册"文件夹的效果。

步骤提示

◎ 打开要移动的图片所在的文件夹，然后利用"Ctrl"或"Shift"键，选择要移动的多张图片，然后在【主页】/【组织】组中单击"移动到" ▣ 按钮，在打开的下拉列表中选择"选择位置"选项。

◎ 打开"移动项目"对话框，单击"图片"选项，然后单击 新建文件夹(M) 按钮，将新建的文件夹命名为"家庭相册"，最后单击 移动(M) 按钮。

◎ 移动后的图片粘贴到该文件夹中，最后将图片以"中图标"的方式显示。

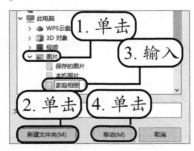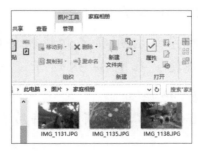

图3-40　新建"家庭相册"文件夹

练习二　安装"爱奇艺"软件

下面练习将"爱奇艺"软件安装到电脑中，效果如图 3-41 所示。一般情况下，软件的安装都会经过阅读并同意安装协议、选择安装路径

和设置软件的启动方式等过程。

 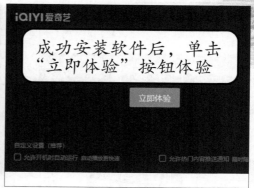

图3-41 完成"爱奇艺"软件到电脑

步骤提示

◎ 获取"爱奇艺"软件安装程序后，双击软件的安装执行文件，在打开的向导对话框中单击选中"阅读并同意用户服务协议及隐私政策"复选框后单击 立即安装 按钮。如果想更改此程序的安装路径，则可单击对话框中的 浏览目录 按钮，在打开的"浏览文件夹"对话框中重新选择。

◎ 系统便开始安装软件，并在向导对话框中显示安装进度。安装完成后将弹出提示信息，单击对话框中的 立即体验 按钮便可开始使用"爱奇艺"软件了。

练习三   导入视频文件到电脑

下面练习将手机中的视频文件导入到电脑中，成功导入后的效果如图 3-42 所示。此练习涉及的操作包括电脑与手机相连、导入文件和安全拔出手机等。

步骤提示

◎ 将手机与电脑正确连接后，解除手机的锁屏状态，在弹出的"Apple iPhone"窗口中选择"导入照片和视频"选项。

◎ 在打开的"导入项目"对话框中，单击选中要导入照片左上角的复选框，最后单击对话框底部的 导入 2 项(共 144 项) 按钮。

◎ 系统开始执行导入操作，导入完毕后，在弹出的提示对话框中单击 确定 按钮，完成导入操作。

图3-42　导入视频文件到电脑

更上一层楼　更改文件夹图标
　　　　　　　找回误删除的文件或文件夹

技巧一： 要让文件夹一目了然，便于区分，除了设置不同的文件名外，还可更改其显示图标。方法为：在要修改的文件夹上单击鼠标右键，在弹出的快捷菜单中选择"属性"命令，然后在打开对话框的"自定义"选项卡中单击 [更改图标(I)...] 按钮，最后在打开的对话框中选择一个喜欢的新图标即可，如图3-43所示。

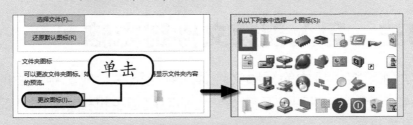

图3-43　更改文件夹图标

技巧二： 如果不小心将文件或文件夹删除了，不用着急，此时可双击桌面上的 ▓ 图标，在打开的"回收站"窗口中选择刚刚删除的文件或文件夹，然后在"管理"选项卡中单击"还原选定的项目"按钮 ▧，即可将误删除的文件或文件夹重新找回。

用电脑休闲娱乐

第 4 天

学习目标

老年读者在闲暇时光，可以通过电脑看电影、听各种戏曲、玩小游戏或制作短视频等，足不出户就能够享受生活，放松心情。下面将详细介绍使用电脑"小帮手"、播放音乐和视频文件、处理数码照片及制作短视频等操作。

学习内容

- 学会使用电脑"小帮手"
- 掌握使用系统自带播放器的方法
- 学会如何使用"酷狗音乐"软件播放歌曲
- 学会如何使用"优酷"软件观看网络电视
- 熟悉修饰数码照片的相关操作
- 熟悉制作短视频的过程

基础学习阶段

学习内容： 熟悉使用电脑"小帮手"的方法、掌握使用系统自带播放器播放音/视频文件的操作、掌握利用"优酷视频老年人版"观看在线视频的操作。

学习方法： 首先练习使用"小帮手"工具——计算器、便笺、画图和小游戏，然后理解记忆 Windows 操作系统自带播放器的操作过程，最后着重练习"酷狗音乐"和"优酷视频"软件的操作方法。

4.1 使用电脑"小帮手"

Windows 10 操作系统提供了多个实用小帮手，老年读者可以利用这些小帮手算算账、记录重要信息、画图和玩游戏等。

4.1.1 使用计算器计算家庭收支

Windows 10 操作系统提供的计算器功能，可以帮助老年读者方便地计算家庭收支，使用方法与生活中的计算器操作基本相同，其具体操作如下。

1 在"开始"菜单中单击"记算器"选项，启动"计算器"程序，如图 4-1 所示。

2 依次单击计算器中的 4 、 · 和 6 按钮，输入参与计算的第 1 个数字"4.6"，如图 4-2 所示。

3 单击 × 按钮，输入图 4-3 所示的运算符，该运算符表示乘号。

图4-1 启动计算器

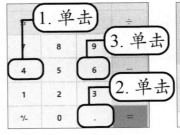

图4-2 输入第1个数字

图4-3 输入运算符

④ 依次单击计算器中的 3 、 . 和 8 按钮，输入参与计算的第2个数字"3.8"，如图4-4所示。

⑤ 此时公式输入完毕，单击 = 按钮即可得到图4-5所示的结果。

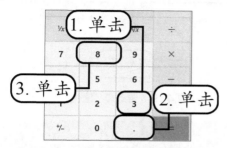

图4-4　输入参数计算的第2个数字

图4-5　查看计算结果

小提示　计算器中常用符号按钮的作用

在计算器中，单击 ÷ 按钮可输入除号；单击 ⌫ 按钮可删除已输入数字的最后一位数据；单击 C 按钮可清除当前输入的数字，并使计算器归零。

4.1.2　用便笺记录生活点滴

在电脑中通过便笺可以进行备忘记录，这对老年读者非常适用。此外，还可以根据便笺颜色来确定备忘事件的处理顺序。下面将在便笺中输入备忘内容，其具体操作如下。

❶ 在"开始"菜单中单击"便笺"选项，启动便笺，如图4-6所示。

❷ 选择适合自己的输入法后，在便笺中不断闪烁的输入光标处输入备忘内容，如图4-7所示。

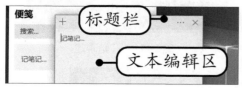

图4-6　启动便笺

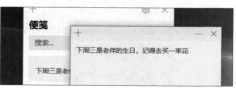

图4-7　输入备忘内容

❸ 单击标题栏左上角的 + 按钮，新建一个便笺，如图4-8所示。

4 在新建便笺中输入备忘内容，完成输入操作后，在第1张便笺上单击 ⋯ 按钮，然后在展开的列表中选择"粉红"色块，更改便笺颜色，最终效果如图4-9所示。

图4-8　新建1个便笺　　　　　图4-9　更改便笺颜色

4.1.3　玩玩小游戏

　　Windows 10操作系统提供了蜘蛛纸牌、空当接龙、金字塔纸牌等智益游戏，首次进入游戏主界面后，系统会自动弹出选择游戏难度提示信息，确认游戏等级后便可开始玩游戏。下面将试玩"空当接龙"游戏，其具体操作如下。

1 在"开始"菜单中单击"Microsoft Solitaire Collection"选项，进入图4-10所示的Windows游戏主界面，其中提供了5种不同的游戏，单击相应游戏名称后便可启动游戏，这里单击"空当接龙"游戏。

2 进入"空当接龙"游戏主界面，单击选中"简单"单选项，然后单击 开始游戏 按钮，如图4-11所示。

图4-10　启动游戏　　　　　图4-11　开始游戏

3 在打开的窗口中介绍了该游戏的玩法，单击 下一个 按钮可以查看详细玩法介绍；单击 关闭 按钮，直接进入游戏界面，如图4-12所示。

4 从每一列底部移牌，被压住的牌是不能直接移动的。并且列中必须按降序依次放牌，且由红黑花色交替排列，这里将第 5 列中的底牌拖至第 1 列底部，如图 4-13 所示。

图4-12　进入"空当接龙"游戏界面　　　　图4-13　开始游戏

5 按照相同的思路，继续拖动其他列的底牌，直至清除整个列，便取得成功。

4.1.4　随手画一画

如果老年读者在休闲时喜欢信手涂鸦，那么您可以在 Windows 10 操作系统自带的画图程序中尽情享受涂鸦带来的乐趣。选择【开始】/【Windows 附件】/【画图】命令，进入图 4-14 所示的工作界面，下面就在"画图"程序中绘制一幅简单的画，其具体操作如下。

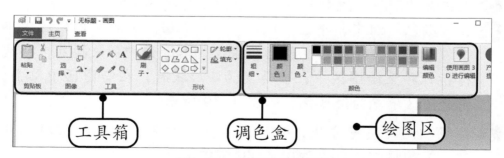

图4-14　"画图"工作界面

1 在"画图"工作界面的"形状"组中单击◯按钮，然后单击工具箱中的"粗细"按钮☰，在弹出的下拉列表中选择第 3 种样式，如图 4-15 所示。

2 将鼠标指针移至绘图区中，此时鼠标指针将变为✛形状，按住

"Shift"键的同时拖动鼠标指针在绘图区中绘制出1个圆，如图4-16所示。

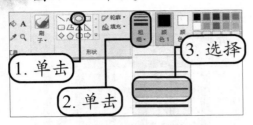
图4-15 选择椭圆边框的粗细

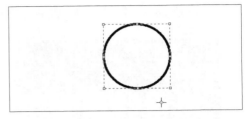
图4-16 绘制1个圆

❸ 按照相同的操作方法，继续在绘图区中绘制大小不同的4个圆，作为耳朵和眼睛，如图4-17所示。

❹ 在"画图"工作界面的"形状"组中单击 ~ 按钮，拖动鼠标指针在眼睛下方绘制一条直线，然后将鼠标指针定位至直线中间位置并向右拖动指针，使直线变为有弧度的曲线，如图4-18所示，最后单击鼠标左键完成曲线绘制。

图4-17 绘制耳朵和眼睛

图4-18 绘制曲线

❺ 继续在"形状"组中单击 ＼ 按钮，在曲线下方绘制一条直线。

❻ 在"颜色"组中，单击"颜色1"按钮■，然后在调色盒中单击"淡紫色"色块后，最后单击"工具"组中的 按钮，将鼠标指针移至绘图区中，当其变为 形状时，在绘图区中单击，将绘图区填充为淡紫色，如图4-19所示。

❼ 按照相同的填充方法，分别用红色、黄色、黑色依次填充耳朵、脸和眼睛，效果如图4-20所示。

图4-19 填充画面背景

图4-20 填充头部

4.2　使用电脑欣赏戏曲和音乐

　　音乐就像是生活中的一股清泉，它可以陶冶性情、带走寂寞，给人们的生活带来另一种享受，下面就来介绍在电脑中播放音乐的方法。

4.2.1　使用系统自带播放器播放戏曲

　　Windows 10 操作系统自带的媒体播放器"Windows Media Player"可以播放音乐、视频等，它将给您带来全新的视听享受。选择【开始】/【Windows Media Player】命令，启动 Windows Media Player，并打开图 4-21 所示的工作界面，下面就在该界面中播放戏曲，其具体操作如下。

图4-21　Windows Media Player 工作界面

❶ 在"Windows Media Player"播放器的列表窗格中单击"播放"选项卡，然后打开电脑中保存音乐的文件夹，在其中选择一个或多个戏曲后，将文件拖动到列表窗格中，如图 4-22 所示，最后释放鼠标左键。

图4-22　拖动音乐文件到列表窗格

❷ 播放器开始自动播放添加的文件，单击 *未保存的列表* 按钮，将列
表名称设置为"戏曲集合"，如图4-23所示，然后按"Enter"
键确认输入。

❸ 单击播放控制区的 ▓ 按钮，切换到"正在播放"模式，如
图4-24所示。

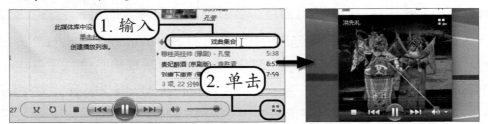

图4-23　自动播放添加的音乐文件　　　图4-24　切换到"正在播放"模式

4.2.2　认识"酷狗音乐"操作界面

如果电脑中未保存任何音频文件，则可以使用专业的音频播放软
件来试听在线音乐，如酷狗音乐、酷我音乐盒等。图4-25所示为"酷
狗音乐"播放软件的工作界面，各组成部分的含义如下。

图4-25　"酷狗音乐"操作界面

功能区：用于显示酷狗软件所包含的主要功能，单击相应的按钮，
便可以切换到对应的功能。如单击"听书"按钮，便可进入"听书"
详细列表，在其中单击按钮便可实现在线听书。

导航窗格：用于快速定位到指定的播放内容，如乐库、视频、直
播等。

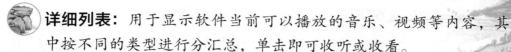

🥔 **详细列表：**用于显示软件当前可以播放的音乐、视频等内容，其中按不同的类型进行分汇总，单击即可收听或收看。

🥔 **播放控制区：**用于显示当前音频文件的播放状态，通过 |◀ ▶ ▶| 按钮可以切换音频文件，并进行播放或暂停等操作。

4.2.3　使用酷狗音乐听音乐

下面尝试使用酷狗音乐欣赏在线音乐，其具体操作如下。

❶ 双击桌面快捷图标 🅚，进入酷狗音乐操作界面，在导航窗格中单击"歌单"按钮，在展开的"歌单"详细列表中单击（ 全部﹀ ）打开全部歌单信息，单击图4-26所示的"广场舞"超链接。

❷ 在"广场舞"详细列表中显示了当前网络中流行的广场舞歌曲，单击（▷随机播放）按钮，如图4-27所示。

图4-26　选择歌单

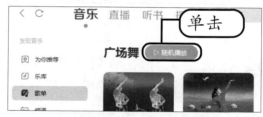

图4-27　随机播放广场舞歌单

❸ 此时，在酷狗音乐便开始随面播放广场舞歌曲，并在播放控制区中显示播放信息，包括歌曲名称、进度等。

> **小提示**　**快速找到自己喜欢的音乐**
>
> 在酷狗音乐操作界面的功能区中单击（ 🔍 搜索音乐 ）搜索框，在搜索框中输入自己喜欢音乐的名称后，按"Enter"键，在详细列表中将显示符合条件的搜索结果，单击对应歌曲的"播放"按钮便可收听音乐了。

4.3　使用电脑看视频

休闲娱乐活动，仅仅是听音乐和打游戏是远远不够的，老年读者

老年人学电脑

们还可以使用电脑观看在线或电脑中保存的视频文件。

4.3.1 使用系统自带播放器播放视频

Windows 10 操作系统自带的播放器不仅可以播放音乐，而且还可以播放视频，其具体操作如下。

❶ 启动"Windows Media Player"播放器后，单击列表窗格中的"播放列表"选项卡，然后打开电脑中保存视频的文件夹，在其中选择一个或多个视频后，将文件拖动到列表窗格中，如图 4-28 所示，最后释放鼠标左键。

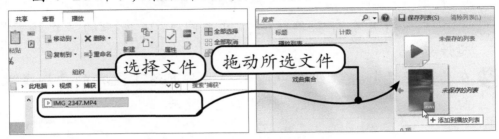

图4-28 拖动视频文件到列表窗格

❷ 将视频文件添加到播放列表中，单击播放控制区的 ▶ 按钮，即可在全屏模式下观看视频画面。

4.3.2 使用"优酷视频"收看网络视频

如果老年读者们不满足于只观看电脑中保存的视频文件，那么可以使用"优酷视频"收看网络视频，其具体操作如下。

❶ 双击桌面快捷图标 ▶，进入图 4-29 所示的优酷视频的首页，左侧导航窗格中提供不同类型的网络电视节目，如电视剧、电影、纪录片、体育等。

❷ 由于在线视频数量较多，要找到想要观看的视频，就需要利用搜索框查找。如搜索视频"辛亥革命"，则需要单击搜索框后输入关键字"辛亥革命"，如图 4-30 所示。

❸ 稍后页面中将显示符合条件的搜索结果，单击"辛亥革命"视频文件，便可在打开的页面中观看该视频，如图 4-31 所示。

图4-29　进入"优酷视频"主界面

图4-30　搜索要观看的视频

图4-31　播放在线视频

提高学习阶段

学习内容：掌握使用美图秀秀修饰数码照片、制作短视频的相关操作。

学习方法：首先学习简单的照片修饰方法，包括基础美化、人像美化、添加文字和边框等，然后利用剪映制作和发布短视频。

4.4　数码照片的修饰

　　光线、角度和距离等因素，导致照出的数码照片可能会不尽如人意，此时可利用一些专业的图像处理软件对照片进行适当修饰。下面将以"美图秀秀"软件为例，来介绍修饰数码照片的简单操作。

4.4.1　基础美化

　　不管是手机还是数码相机拍摄的照片，总是会存在一定的瑕疵，为了让照片更好看，此时，可使用美图秀秀对照片进行基础美化，如裁剪、调色等，其具体操作如下。

❶ 将"美图秀秀7.0"软件安装到电脑后，打开保存图片的文件

夹，然后在要修改的图片上单击鼠标右键，在弹出的快捷菜单中选择"使用美图秀秀编辑和美化"命令，如图 4-32 所示。

❷ 系统自动启动"美图秀秀"软件，并打开所选图片，在"图片编辑"界面中，单击左侧功能区中的"调整"按钮，在打开的"编辑"栏中单击"裁剪/旋转/尺寸"下拉列表框，在展开的列表中单击"比例裁剪"选项卡，然后在展开的列表中选择图 4-33 所示的选项，最后单击 应用 按钮。

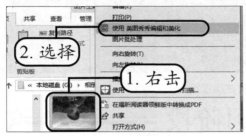

图4-32 用美图秀秀打开照片　　　　图4-33 按比例裁剪照片

❸ 此时图片将按所选比例进行自动裁剪，然后在"编辑"栏中单击"旋转"下拉按钮，在展开的列表中单击 ◁ 按钮，如图 4-34 所示。

❹ 此时图片将进行垂直旋转，然后在"色调"栏中单击"色彩"下拉按钮，分别在"饱和度"和"色温"数值框中输入"10""30"，如图 4-35 所示。

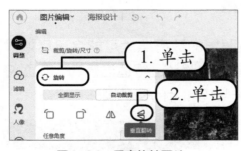

图4-34 垂直旋转图片　　　　图4-35 调整图片色彩

4.4.2　人像美容

在美图秀秀中不仅可以对照片进行基础美化设置，而且还可以对人像进行美容，如美白、瘦脸、瘦身等，其具体操作如下。

第4天 用电脑休闲娱乐

❶ 单击左侧功能区中的"人像"按钮 ♀️，在展开的列表中单击 "瘦脸瘦身"下拉按钮，然后在"强度"数值框中输入"100" 如图4-36所示，对人像进行瘦脸设置。

❷ 单击"美白"下拉按钮，在"强度"数值框中输入"7"，在"肤 色"数值框中输入"-21"，如图4-37所示，让人像的皮肤更 加白皙。

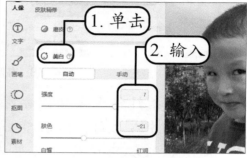

图4-36 对人像进行自动瘦脸　　　　图4-37 对人像进行自动美白

小提示　快速撤销错误操作

在美图秀秀中编辑照片时，如果不小心出现设置错误 的情况，此时，可以单击操作界面顶端的"撤销"按 钮 ↶，即可撤销上一步的错误操作。

4.4.3　为照片添加文字和边框

有时为了让拍摄的照片看起来更加与众不同，可以使用文本和边 框等元素来点缀和修饰画面。下面将在美图秀秀中添加文字"春游"和 简单边框，其具体操作如下。

❶ 单击功能区中的"文字"按钮 ⊤，在展开的列表中单击 ＋添加文字 按钮。

❷ 此时，照片中将显示"编辑文字"对话框，在其中输入文字 "春游"，然后单击右侧"样式设置"栏中的第二种样式，如 图4-38所示。

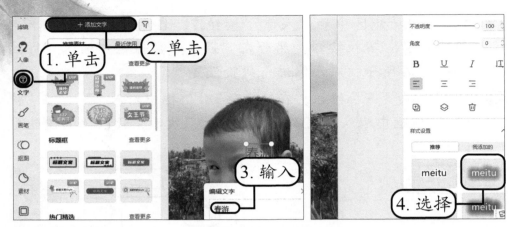

图4-38　在照片中添加文字

3 将鼠标指针移至文字"春游"上，按住鼠标左键不放将其移动到照片右上角，然后单击功能区中的"边框"按钮⬜，在展开的列表中选择"简单边框"列表中的第二种样式，如图4-39所示。此时，照片应自动应用所选边框样式。

图4-39　为照片添加简单样式的边框

4.4.4　设置背景

　　为了让照片看起来更具艺术效果，给观看者焕然一新的视觉体验，下面将使用美图秀秀为照片设置背景，其具体操作如下。

1 单击功能区中的"背景"按钮▨，在展开的列表中提供了"风景""节日祝福""炫彩渐变"等不同类型的"推荐背景"，这里选择"插画"栏中的第二排第一种样式，如图4-40所示。

2 此时照片将自动应用所选背景。将鼠标指针定位至照片右上角处，当其变为◥形状时，按住"Shift"键拖动指针等比例放

大照片，如图4-41所示。

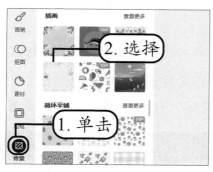

图4-40 选择背景样式

图4-41 调整照片在背景显示的大小

4.5 制作短视频

简单地浏览电脑中保存的图片或视频会显得有点枯燥，此时可利用影视剪辑软件——剪映，将其制作成短视频。

4.5.1 认识剪映软件

在电脑中成功安装"剪映专业版"软件后，双击桌面快捷图标，即可启动"剪映"软件，单击界面中的 ➕开始创作 ，进入"剪映"软件的操作界面，如图4-42所示，此操作界面主要由素材面板、播放器面板、功能区面板和时间线面板四大版块组成，各版块的主要功能如下。

图4-42 "剪映"软件操作界面

素材面板： 主要显示本地素材和软件自带的在线素材，在素材面板中导入一段素材后，在播放器面板即可预览该素材的效果。

播放器面板： 用于预览导入素材的效果，并可对素材进行放大、播放、暂停等操作。

功能区面板： 用于对导入素材的画面、动画、色彩等效果进行设置。

时间线面板： 将导入素材拖动到时间线面板中时，才可以激活时间线面板，此时可以对素材进行剪辑，包括分割、定格、裁剪等。

4.5.2 剪辑视频

下面将在"剪映专业版"软件中导入多个视频片段，并对导入的视频进行裁剪、添加特效、动画和背景音乐，让视频更具观赏性，其具体操作如下。

❶ 在"剪映专业版"软件的操作界面中，单击素材面板中的 `+ 导入` 按钮，打开"请选择媒体资源"对话框，打开保存视频文件夹后，在其中可以选择多张图片，这里选择一个视频文件，然后单击 `打开(O)` 按钮，如图4-43所示。

❷ 返回"剪映"操作界面，在素材面板中将鼠标指针定位至导入视频上，然后单击视频右下角的 ⊕ 按钮，如图4-44所示，将导入视频添加到时间线面板中。

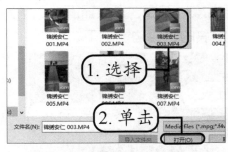

图4-43 选择要剪辑的视频文件　　　图4-44 将导入视频添加到时间线面板

❸ 在时间线面板中单击导入的视频，利用鼠标指针将时间轴拖动至时间线上的5s处，然后单击工具栏中的"分割"按钮 ▋▌，如图4-45所示。

❹ 此时视频将被分割为两段，单击分割后的前半段视频，按"Delete"键将其删除，然后单击工具栏中的"裁剪"按钮 ⬜，如

图 4-46 所示。

图4-45　分割视频

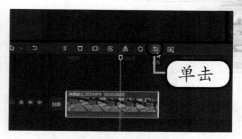

图4-46　单击"裁剪"按钮

❺ 打开"裁剪"对话框，在视频画面中显示了可裁剪区域，拖动裁剪框顶部和底部中间的圆角矩形，裁剪画面高度，如图 4-47 所示，然后单击　确定　按钮。

❻ 返回操作界面，单击素材面板中的"特效"按钮🌟，在展列的特效列表中显示了"画面特效"和"人物特效"两种类型，这里选择"画面特效"中的"星光炸开"效果，并将其拖动到时间面板中，使其与视频起始位置对齐，然后在时间面板中拖动特效素材末端位置使其与视频长度相等，如图 4-48 所示。

图4-47　裁剪视频高度

图4-48　添加并调整特效素材

❼ 在时间线面板中选择视频文件后，单击功能面板中的"动画"选项卡，在展开列表中提供了"入场""出场""组合"3种不同类型的动画，这里选择入场动画中的"放大"效果，最后在功能面板中将动画时间设置为"3.0s"，如图 4-49 所示。

❽ 单击素材面板中的"文本"按钮**TI**，在展开的"花字"列表中，

将第三排的最后第一个样式拖动到时间线面板中，如图 4-50
所示。

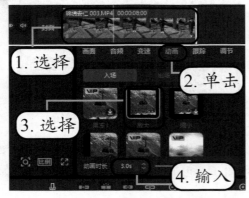

图4-49　添加并设置动画

图4-50　为视频添加文本

9 在功能面板中的"默认文本"文本框中输入文字"快乐童年"，
然后将"字号"设置为"20"，最后应用第 3 种预设样式，如
图 4-51 所示。

10 在视频轨道上单击鼠标右键，在弹出的快捷菜单中选择"分离
音频"命令，如图 4-52 所示。

图4-51　设置文本格式

图4-52　将音频与视频分离

11 此时时间线面板中将多一条音频轨道，选择分离出的音频轨
道，然后按"Delete"键将此音频删除，如图 4-53 所示。

12 单击素材面板中的"音频"按钮 🎵，在展开的列表中提供了 4
种不同的音频来源，这里单击"音效素材"选项卡，在右侧的
搜索框中输入"愉快的周末"后按"Enter"键，稍后在显示的
搜索列表中将所需音频拖动到时间线面板中，如图 4-54 所示。

第4天 用电脑休闲娱乐

⓭ 在时间线面板中，拖动音频轨道末端，使其与视频时长相同。

图4-53 删除分离的音频文件

图4-54 为视频添加背景音乐

4.5.3 为视频添加封面后导出

有时为了直观表达视频内容，并引起观看者的好奇心，还可以为短视频添加一张与视频内容相匹配的封面。下面将为制作好的短视频添加封面，并将其导出，其具体操作如下。

❶ 在素材面板中单击 封面 按钮，打开"封面选择"对话框，在视频画面中单击第1帧，如图4-55所示，将第1帧的画面作为视频封面，然后单击 去编辑 按钮。

❷ 打开"模板"列表框，其中提供了生活、游戏、知识等6种不同类型的封面模板，这里选择生活类型的模板，如图4-56所示，然后单击 完成设置 按钮。

图4-55 选择封面画面

图4-56 选择封面样式

❸ 返回"剪映专业版"操作界面，单击功能面板上方的 导出 按钮，打开"导出"对话框，单击选中"封面添加至视频片头"

复选框后，依次设置作品名称、导出路径、分辨率等参数，如图 4-57 所示，最后单击 导出 按钮。

④ 此时"导出"对话框中将显示导出进度，稍作等待后，将打开图 4-58 所示的对话框，单击相应的按钮后便可将制作好的短视频发布到网络平台。

图4-57 设置导出参数　　　　图4-58 发布视频到网络平台

练习阶段

练习内容： 利用便笺记录家人饮食习惯，制作童真短视频。

视频路径： 配套资源\第4天\练习阶段\练习一.mp4、练习二.mp4。

练习一　利用便笺记录家人饮食习惯

下面练习使用便笺小工具，涉及的操作包括新建便笺、输入文字内容、添加便笺和更改便笺颜色，以及移动便笺位置等。图 4-59 所示为创建便笺的最终效果。

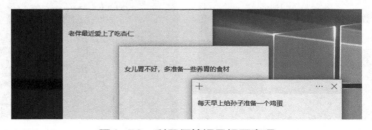

图4-59 利用便笺记录提醒事项

步骤提示

◎ 成功启动便笺后，在鼠标光标处输入家人的饮食习惯。

◎ 单击**＋**按钮，在添加的新便笺中输入相应的文字，然后在该便笺上单击**…**按钮，在展开的列表中选择"蓝色"选项。

◎ 按相同方法添加一个粉色便笺，并拖动便笺标题栏调整其位置。

练习二　制作童真短视频

　　下面练习使用剪映软件制作童真短视频，效果如图4-60所示，最后将制作好的电子相册发布到网络平台。

　　步骤提示

◎ 在素材面板中单击 **＋ 导入** 按钮，在打开的对话框中选择要制作成相册的多张照片，然后单击 **打开(O)** 按钮。

◎ 将导入的素材拖动到时间线面板中，为导入的照片添加"方形开幕"样式特效，并为其添加背景音乐，最后导出短视频。

图4-60　预览制作好的短视频

更上一层楼	智能抠图 为短视频添加贴纸

技巧一： 使用美图秀秀修饰照片时，可以单击功能区中的"抠图"按钮，在打开的界面中单击 **开始抠图** 按钮，便可将照片中的人像快速抠取出来。

技巧二： 在剪辑短视频时，可以单击素材面板中的"贴纸"按钮，在打开的贴纸列表中选择喜欢的样式后将其拖动到时间线面板中，为视频添加贴纸效果。

第5天 网上生活乐趣多

学习目标

　　足不出户便能洞悉天下事，这就是网络带给我们最直观的感受，下面将讲解一些常用的网络活动，包括看新闻、查天气、网上交易、浏览网页、在网上搜索和保存资料等实用操作。

学习内容

- ❀ 学会灵活使用浏览器
- ❀ 掌握从网上搜索资料的方法
- ❀ 掌握保存网页、网页图片和文字的具体操作
- ❀ 了解下载网络资源的方法
- ❀ 学会利用网络看新闻
- ❀ 熟悉网上购物的流程

基础学习阶段

学习内容： 了解将电脑连入互联网的相关操作，认识并灵活使用浏览器。

学习方法： 首先理解电脑连入互联网的相关操作，然后熟悉 Microsoft Edge 浏览器的组成部分，最后设置浏览器的属性使其符合自己的使用习惯。

5.1　上网前的准备工作

　　如果老年读者想在家中上网，只需要向网络服务商提出申请，办理好相关手续后会有专业人员上门安装和调配网络，并建立好网络连接，这样就可以进入网络世界了。如果老年读者不能独立完成操作，建议向子女或朋友求助。下面将通过电信提供的账号连入网络，其具体操作如下。

❶ 打开电脑进入操作系统后，打开"设置"窗口，单击"网络和 Internet"按钮⊕，在打开的"网络和 Internet"界面中单击"拨号"选项卡，然后在右侧的列表中单击"设置新连接"超链接，如图 5-1 所示。

❷ 打开"设置连接或网络"对话框，选择"连接到 Internet"选项，如图 5-2 所示，然后单击 下一步(N) 按钮。

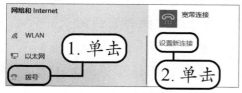
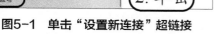

图5-1　单击"设置新连接"超链接　　　**图5-2　选择"连接到Internet"选项**

❸ 在打开的对话框中单击 下一步(N) 按钮，打开"你希望如何连接？"提示对话框，单击"宽带（PPPoE）（R）"超链接，如图 5-3 所示。

❹ 在打开的对话框中输入运营商提供的用户名和密码后，单击

连接(C) 按钮，如图 5-4 所示，即可连入互联网。

图5-3　选择连接Internet的方式　　　　图5-4　输入账号和密码

5.2　认识360安全浏览器老年版

　　首先认识一下网页浏览工具——360 安全浏览器 3.7 老年模式，该浏览器专门考虑了老年人的需求，在浏览器界面外观、网址导航、功能应用上做了针对性调整，图 5-5 所示的就是 360 安全浏览器的老年人专用主界面，其各个组成部分的功能和作用分别介绍如下。

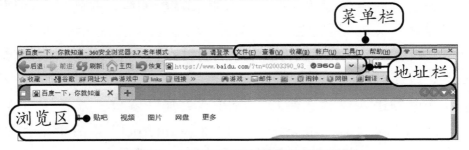

图5-5　360安全浏览器老年人专用主界面

菜单栏： 主要用于对网页的编辑操作（如保存网页、缩放网页、收藏网页等）和对浏览器的设置（如清除浏览记录、主页设置等）。

地址栏： 主要显示当前打开网站的网址，单击 按钮可返回到上次浏览的页面，单击 按钮可打开进行返回操作前的网页。

浏览区： 用于显示网页内容，如图像、文字和动画等。当网页内容无法在网页浏览区完全显示时，可滚动鼠标滚轮或拖动滚动条查看未显示的内容。

5.3　上网更方便

　　有时为了方便浏览网页内容，老年读者可以设置网页中文字显示的大小，其具体操作如下。

❶ 双击桌面快捷图标 ，启动360安全浏览器后，单击菜单栏中的"查看"按钮，在打开的下拉列表中选择【网页缩放】/【200%】选项，如图5-6所示。

❷ 此时，网页中的元素如文字、图片将被自动放大，效果如图5-7所示，便于查看。

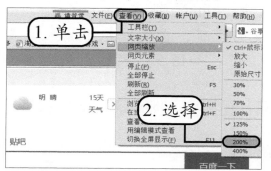

图5-6 选择"200%"选项

图5-7 将网页放大后的效果

小提示 快速放大或缩小网页

在360安全浏览器中打开要浏览的网页后，按住"Ctrl"键的同时，向前滚动鼠标滚轮可以快速放大网页；反之，向后滚动鼠标滚轮可以快速缩小网页。

提高学习阶段

学习内容： 掌握搜索和保存网页资源的方法，通过网络掌握看新闻、查天气、查地铁公交及网上购物的相关操作。

学习方法： 首先学习浏览网页信息的操作，然后利用专门的搜索工具搜索所需网络资源，最后掌握简单的网上购物和网上视听的操作方法。

5.4 搜索并保存网上资源

互联网中信息繁多，怎样才能在这个信息海洋中找到自己需要的资料呢？此时可通过专业的搜索网站，快速从网上获取所需资源，同时，还可以将找到的资料保存起来以便日后查阅。

5.4.1　搜索需要的信息

专业的搜索引擎有很多，常用的有百度、搜狗和360搜索等。下面以在百度网搜索资料为例进行讲解，其具体操作如下。

1 启动360安全浏览器，在地址栏中输入百度网址"www.baidu.com"，如图5-8所示，然后按"Enter"键。

2 此时，浏览器中将显示百度的主页，在文本框中输入需要搜索的内容，这里输入"京剧"，如图5-9所示，然后单击 百度一下 按钮。

图5-8　打开百度网

图5-9　输入搜索信息

3 稍后页面将显示与"京剧"相关的网页，在其中查找要查看的信息，这里单击"京剧（中国影响最大的戏曲剧种）－百度百科"超链接，如图5-10所示。

4 在新界面中打开百度百科网页，浏览区将显示该网页的主要内容，效果如图5-11所示。

图5-10　选择搜索结果

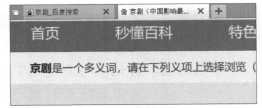

图5-11　浏览网页内容

5.4.2　保存网页

如果觉得网页上的内容有用，可以将整个网页保存下来，其具体操作如下。

1 打开要保存的网页，在菜单栏中选择【文件】/【保存网页】

命令，如图 5-12 所示，也可按 "Ctrl+S" 组合键。

❷ 打开 "保存网页" 对话框，保持网页保存位置和文件名不变，单击 保存(S) 按钮，如图 5-13 所示。

图5-12　选择 "保存网页" 命令　　　　　图5-13　保存整个网页

❸ 打开 "此电脑" 窗口，通过单击左侧列表中的 "文档" 按钮切换到 "文档" 窗口，便可查看到保存的网页，如图 5-14 所示。

图5-14　查看保存的网页

5.4.3　保存图片

当在网页中看到喜欢的图片时，可以将其单独保存到自己的电脑中，方便进行浏览或编辑，其具体操作如下。

❶ 打开要保存图片的网页后，将鼠标指针移到该图片上并单击鼠标右键，在弹出的快捷菜单中选择 "图片另存为" 命令，如图 5-15 所示。

❷ 打开 "保存图片" 对话框，在文件名文本框中输入 "金鱼" 文本，其他保持默认设置，最后单击 保存(S) 按钮，如图 5-16 所示。稍后即可将所选图片保存到电脑中 "图片" 库中。

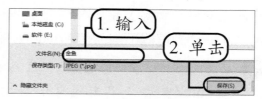

图5-15　选择 "图片另存为" 命令　　　　图5-16　设置图片名称

5.4.4 保存网页中的文字

当在网上查找到对自己有用的文字信息时，可以将这些信息保存到电脑中，方便随时查阅，其具体操作如下。

① 打开需要保存文字的网页，在其中拖动鼠标指针选中要保存的文字内容（此时文字将为蓝底白字显示），然后在所选文字上单击鼠标右键，在弹出的快捷菜单中选择"复制"命令，如图 5-17 所示。

② 打开"记事本"程序，在菜单栏中选择【编辑】/【粘贴】命令，如图 5-18 所示，也可按"Ctrl+V"组合键。

图5-17 复制网页中的文字　　　　图5-18 在记事本中粘贴文字

③ 在记事本中即可看到粘贴的文本内容，然后选择【文件】/【保存】命令，如图 5-19 所示。

④ 在打开的"另存为"对话框中保持默认存储路径，在"文件名"文本框中输入"老年人保持适当锻炼的方法"文本，然后单击 保存(S) 按钮确认保存，如图 5-20 所示。

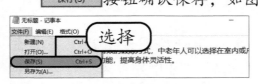

图5-19 保存复制的文字内容　　　　图5-20 保存文件

5.4.5 下载网络资源

除了可以将网上的文字和图片等信息保存到电脑中，还可以将网上的视频文件、音频文件或软件安装程序等资源下载到电脑中。下面将利用 360 安全浏览器下载微信 Windows 版本的安装程序，其具体操作如下。

① 启动 360 安全浏览器，进入微信官方网站（https://weixin.qq.com/）后，单击网页中显示的"微信 3.9.0 for Windows 正

式版"超链接，然后在打开的网页中单击"下载最新版本"超链接，如图 5-21 所示。

② 在打开的"文件下载"提示对话框中单击 保存(S) 按钮，如图 5-22 所示。

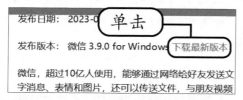

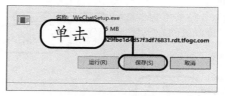

图5-21　单击"下载最新版本"超链接　　　图5-22　单击"保存"按钮

③ 打开"另存为"对话框，保持默认的文件名称和保存路径不变，单击 保存(S) 按钮完成操作，如图 5-23 所示。

④ 此时浏览器开始下载安装程序，并显示下载进度，稍作等待后，将显示"下载完毕"提示对话框，单击 打开文件夹(F) 按钮，即可查看下载的微信安装程序，如图 5-24 所示。

图5-23　保存下载的安装程序　　　图5-24　查看下载的安装程序

5.5　精彩的网络生活

老年读者可以在网上看新闻、查天气、查交通和看电影，还可以通过网上银行为网购付款和缴纳电话费，让您的生活更加便利。

5.5.1　看新闻

利用网络可以在第一时间了解国内外发生的大小事件，下面将在新浪网中浏览新闻，其具体操作如下。

① 在 360 安全浏览器中输入网址"www.sina.com.cn"后，按"Enter"

键进入网站首页，单击"新闻"超链接，如图 5-25 所示。

2 打开"新闻中心首页"网页，其中显示了国内、国外的相关新闻，单击某条新闻名称对应的超链接。

3 在打开的页面中查看此条新闻的详细内容，如图 5-26 所示。

图5-25 单击"新闻"超链接　　　　　图5-26 单击超链接并查看新闻

5.5.2 影音视听

电脑中保存的歌曲和视频文件有限，老年读者可以尝试听听互联网中丰富的影音资源，其具体操作如下。

1 在 360 安全浏览器中打开百度网首页后，单击"视频"超链接，如图 5-27 所示。

2 在打开的"好看视频"网页中显示了不同类型的视频信息，如影视、军事等，这里在网页上方的搜索栏中输入关键字"广场舞"，如图 5-28 所示，然后按"Enter"键。

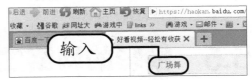

图5-27 单击"视频"超链接　　　　　图5-28 输入关键字

3 快速搜索出想要观看的视频内容，稍后，在搜索结果页面中单击其中任意一个图片即可播放该视频，如图 5-29 所示。

图5-29 播放视频文件

第 **5** 天　网上生活乐趣多

5.5.3 查询天气

很多老年读者对天气的变化十分关注，如果错过了电视台播放的天气预报怎么办呢？别着急，在网上也可以查询天气，其具体操作如下。

❶ 在 360 安全浏览器中输入可查询天气的网站，这里打开天气网（www.weather.com.cn），在网页右侧"我的天气"栏中单击 切换 ，在打开搜索框中输入要查询天气的地区，然后单击 保存 按钮，如图 5-30 所示。

❷ 打开图 5-31 所示的网页，其中显示了成都未来几天的天气情况。

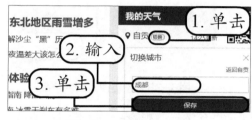

图5-30　打开天气网

图5-31　显示成都未来几天的天气

5.5.4 网上购物

网上购物已逐渐渗透到老年群体中，那么如何才能真正实现购物呢？在进行网购之前，需要先带上自己的储蓄卡到银行申请开通网银业务，然后就可以进行网购了。不过老年读者应注意，使用网银要谨慎，必要时可请子女或朋友帮忙。下面介绍网上购物的方法，其具体操作如下。

❶ 在 360 安全浏览器中输入可进行网购的网站，这里打开图 5-32 所示的京东网（www.jd.com），然后单击"免费注册"超链接。

❷ 阅读"京东用户注册协议和隐私政策"后，单击 同意并继续 按钮，打开"个人注册"页面，如图 5-33 所示，根据页面提示输入手机号码、用户名、设置密码等信息后，即可成功注册。

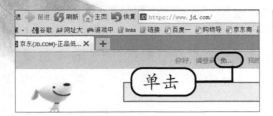

图5-32 打开京东网站

图5-33 打开"个人注册"页面

3 注册成功后，在京东首页的"宝贝"搜索框中输入要购买产品的名称，如图5-34所示，然后单击 搜索 按钮。

4 在打开的页面中显示了符合搜索条件的所有"茶杯"商品，单击此页面中的第2张图片缩略图，如图5-35所示。

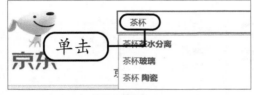

图5-34 搜索要购买的产品

图5-35 查看搜索到的产品

5 在打开的页面中显示了该商品的价格、规格、性能等详细信息，如果决定购买，在当前页面中选择茶杯规格并输入购买数量，如图5-36所示，最后单击 加入购物车 按钮。

6 显示商品成功加入购物车，单击页面中的 去购物车结算 > 按钮，在打开的页面中显示了商品的型号、单价、数量，确认无误后单击 去结算 按钮，如图5-37所示。

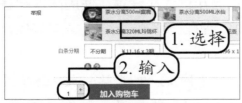

图5-36 将商品加入购物车

图5-37 购买商品

7 打开"京东 结算页"页面，在其中填写并核对订单信息，确认定单信息无误后，单击 提交订单 按钮，如图5-38所示。

8 打开"京东 收银台"页面，单击选中开通了网上银行的银行卡后，如图 5-39 所示，然后单击 立即支付 按钮，登录到网上银行进行付款，成功付款后等待卖家发货即可。

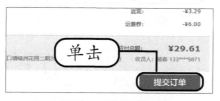

图5-38　核对订单信息

图5-39　选择付款银行

5.5.5　网上交电话费

开通网上银行后，不仅可以进行网上购物，还可以在网上办理缴费和转账等业务。下面将使用工商银行网银交电话费，其具体操作如下。

1 在 360 安全浏览器中输入"京东 充值"页面的网址"https://chongzhi.jd.com/"，如图 5-40 所示，然后按"Enter"键。

2 打开"京东充值中心"首页，在打开的"话费充值"页面中，输入正确的手机号码，并选择充值面值，如图 5-41 所示，确认无误后单击 立即充值 按钮。

图5-40　打开京东充值首页

图5-41　输入手机号并选择面值

3 打开"确认信息"页面，确认充值手机号码和充值金额无误后单击 提交订单 按钮，如图 5-42 所示。

4 打开"京东 收银"页面，单击选中开通了网银的银行卡后，在"请输入 6 位数字密码"栏中输入银行卡密码，如图 5-43 所示，最后单击 立即支付 按钮即可成功充值手机话费。

图5-42　确认手机充值　　　　图5-43　支付订单

练习阶段

练习内容： 保存网页中的养生信息，然后搜索旅游景点介绍，最后下载网络电视软件——优酷。

视频路径： 配套资源 \ 第 5 天 \ 练习阶段 \ 练习一 .mp4、练习二 .mp4、练习三 .mp4。

练习一　保存网页中的养生信息

下面练习将网页中的文字信息保存到电脑中，涉及的操作包括启动 360 安全浏览器老年版、打开网页、复制和粘贴文本等。图 5-44 所示的为保存文本后的最终效果。

步骤提示

◎ 启动 360 安全浏览器老年版后，在地址栏中输入网址"http://baike.baidu.com"，然后按"Enter"键。在打开的"百度百科"页面中搜索"老年人养生"的相关信息。

◎ 在打开页面中拖动鼠标指针选择要复制的文本后，按"Ctrl+C"组合键。

◎ 在"记事本"程序中按"Ctrl+V"组合键粘贴文本，最后保存文件。

图5-44　将网页文本保存到记事本中

练习二　搜索旅游景点介绍

　　下面练习利用专业搜索网站，在网络中搜索所需信息的操作方法，图 5-45 所示的为搜索热门景区"北京故宫博物院"的景点介绍。

> ★ 收藏　👍 0　↗
>
> 　　北京故宫博物院是一座中国综合性博物馆，也是中国最大的古代文化艺术博物馆、第一批全国爱国主义教育示范基地、世界三大宫殿之一 [1-2]、全国未成年人思想道德建设工作先进单位；其建立于1925年10月10日，位于北京故宫紫禁城内，收藏品包括但不限于明朝、清朝两代皇宫及其收藏。
>
> 　　2018年10月，故宫博物院发布首款主题功能游戏和首张古画主题音乐专辑，拉开"智慧故宫"序幕 [4]；2019年10月，推出剧集《故宫如梦》，以创新形式讲述年轻工匠蒯祥参与营建紫禁城的过程 [5]；2019年10月，与中国中医科学院签署战略合作协

图5-45　"北京故宫博物院"简介页面

　　步骤提示

◎ 在 360 安全浏览器中打开"百度"搜索引擎，然后输入搜索关键字"北京故宫博物院"，最后单击 百度一下 按钮。

◎ 在搜索结果页面中单击"北京故宫博物院 – 百度百科"超链接，进入"北京故宫博物院"简介页面，在其中可以了解博物院的详细信息。

练习三　下载网络电视软件——优酷

　　下面练习利用 360 安全浏览器搜索和下载网络电视软件的操作，在搜索下载软件时，可利用百度、360 搜索、搜狗等专业搜索引擎。图 5-46 所示为成功下载软件的效果。

　　步骤提示

◎ 在 360 安全浏览器中打开百度首页"http://www.baidu.com"，然后输入关键字"优酷 下载"后，直接按"Enter"键。

◎ 在搜索页面中单击合适的超链接，打开"优酷官方下载"网页，单击电脑端中的"Windows 端"超链接，然后单击页面底部的 立即下载 按钮。

◎ 在下载页面中单击 保存(S) ，在打开的"另存为"对话框中单击 保存(S) 按钮，开始下载文件。待文件下载完成后，单击 打开文件夹(F) 按钮，便可查看下载的软件安装程序。

图5-46　准备下载网络电视软件

收藏喜欢的网页
解压文件

技巧一： 在360安全浏览器中打开要收藏的网页后，在菜单栏中选择【收藏】/【添加到收藏夹】命令，打开"添加到收藏"对话框，输入网页和创建位置后，单击 添加(A) 按钮完成收藏。

技巧二： 当文件显示为 图标时，表示该文件为压缩文件，在使用前需要对其进行解压。方法为：双击 图标，在打开窗口中选择要解压的文件，然后单击工具栏中的"解压到"按钮 。打开"解压路径和选项"对话框，在"常规"选项卡中设置解压文件后的保存路径，最后单击 确定 按钮。

网上交流无障碍

学习目标

　　网络的神奇之处远远不只下载资源、网上购物、查找资料这么简单，通过它还可以实现亲朋好友间的无距离沟通。如利用微信可与亲友进行视频聊天，通过电子邮件可了解亲友最新状况。下面将详细讲解微信聊天、电子邮件的发送和新浪微博的使用方法。

学习内容

- ❀ 掌握微信好友的添加方法
- ❀ 学会使用微信进行文字聊天的具体操作
- ❀ 学会使用微信进行视频聊天的具体操作
- ❀ 掌握注册电子邮箱和发送电子邮件的具体操作
- ❀ 掌握发布微博的方法
- ❀ 了解"关注"微博好友的操作

┌───┐

═══ 基础学习阶段 ═══

学习内容： 登录微信并添加好友、与好友进行文字或语音视
频聊天。

学习方法： 首先学会利用手机微信扫码登录到电脑版微信，
然后练习添加微信好友的操作方法，最后选择一
个好友进行文字或视频聊天。

└───┘

6.1 使用电脑版微信与子女聊天

在信息时代发达的今天，与亲朋好友联络感情的方式也变得更加
多样化，其中使用微信聊天便是最常用的一种方式，下面就介绍使用电
脑版微信聊天软件进行网上交流的方法。

6.1.1 登录微信后添加好友

将电脑版微信软件安装到电脑中后，通过手机中的微信进行扫码
便可在电脑中同步登录微信号。下面将登录电脑版微信并添加好友，其
具体操作如下。

1 双击桌面上的快捷图标，打开"扫码登录"界面，如
图 6-1 所示。

2 此时打开手机中的微信，点击界面右上角"添加"按钮⊕，
在打开的下拉列表中点击"扫一扫"选项，最后扫描电脑中的
"扫码登录"界面。

3 稍后，手机界面中将显示"登录 Windows 微信"提示信息，
点击"同步最近的消息"单选项后，点击 登录 按钮，如
图 6-2 所示。

4 此时电脑中的微信将显示正在进入的提示信息，如图 6-3 所
示，稍后，将在电脑中成功显示微信主界面。

100

第 **6** 天　网上交流无障碍

图6-1　"扫码登录"界面　图6-2　手机确认登录Windows微信　图6-3　正在登录微信

⑤ 在微信主界面中单击左侧功能区中的▨按钮，在展开的列表中单击右上角的▨按钮，如图 6-4 所示。

⑥ 在打开界面的搜索框中输入好友的手机号码，然后单击▨按钮，打开"新的朋友"界面，单击 添加到通讯录 按钮，如图 6-5 所示。

⑦ 打开"申请添加朋友"界面，设置好请求信息，如图 6-6 所示，然后单击 确定 按钮，待对方通过申请后便成为好友了。

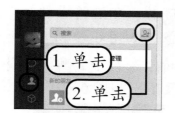 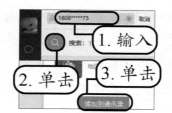 

图6-4　添加好友　　　　　图6-5　搜索好友　　　　　图6-6　申请添加好友

6.1.2　查看朋友圈

成功添加好友后，就可以通过朋友圈随时关注好友的动态信息了，其具体操作如下。

① 在微信主界面中，单击功能区中的▨按钮，如图 6-7 所示。

② 在打开的"朋友图"界面中，便可查看好友分享的生活点滴，如图 6-8 所示。查看完成后单击右上角的 × 按钮关闭朋友圈。

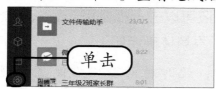 

图6-7　单击"朋友圈"按钮　　　图6-8　查看朋友圈

小提示 评论好友

老年读者在查看朋友圈时，可以单击"朋友圈"界面中的 ·· 按钮，在弹出的提示框中单击♡按钮，可以为好友点赞；单击▣按钮，可以在文本框中输入评论内容。

6.1.3 与好友进行聊天

添加微信好友后，当您和好友同时在线时，就可以通过微信与好友进行音频或视频聊天了。

❶ 音频聊天

打字慢不用着急，使用微信语音同样可以实现与好友聊天的目的。下面将使用微信的语音功能与好友聊天，具体操作如下。

❶ 在微信主界面顶部的搜索框中输入好友昵称，稍后将在"联系人"列表中显示搜索结果，单击好友头像，如图6-9所示。

❷ 打开聊天窗口，单击右下角的📞按钮，请求进行语音聊天，待好友通过聊天请求后，便可进行语音聊天了，如图6-10所示。

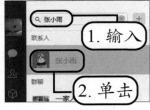

图6-9 单击好友头像

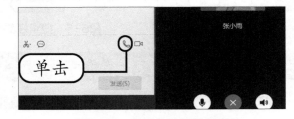

图6-10 与好友进行语音聊天

❸ 聊天结束后，单击"挂断"按钮✕完成语音聊天操作。

❷ 视频聊天

除了通过微信进行语音聊天外，还可以进行视频聊天，该功能要求电脑必须安装摄像头和连接麦克风，其具体操作如下。

❶ 单击聊天窗口右下角的▢ɪ按钮，此时对话窗口右侧显示视频区，并提示正在等待对方接受请求，如图6-11所示。

❷ 当好友接受视频聊天后即可在视频区看到对方的摄像头拍摄的画面，如图 6-12 所示，聊天结束后单击 ☒ 按钮结束视频聊天。

图6-11　启动视频聊天

图6-12　正在视频聊天

提高学习阶段

学习内容: 发送和管理电子邮件、利用微博分享实时信息。

学习方法: 首先学会如何申请电子邮箱，然后尝试发送电子邮件给自己的好友，最后开通微博，并将微博地址分享给好友，同时练习发布微博。

6.2　在线发送电子邮件

Email 就是常说的电子邮件，它与传统的信件相比既方便又简单，而且能瞬间送达图片、声音和动画等不同类型的文件，足不出户就能完成鸿雁传书。

6.2.1　申请免费电子邮箱

要想在线发送电子邮件，首先要拥有一个电子邮箱。目前邮箱分为免费、付费和手机邮箱，对于普通用户来说，使用免费邮箱就可以了。下面介绍如何申请 163 免费邮箱，其具体操作如下。

❶ 启动 360 安全浏览器，在地址栏中输入网址"www.163.com"后，按"Enter"键打开网易首页，然后单击右上角的"注册免费邮箱"超链接，如图 6-13 所示。

❷ 打开"注册网易免费邮箱"页面，其中提供了"手机号码快速注册""普通注册"和"申请成为VIP"3种方式，这里选择推荐的"手机号码快速注册"方式，然后根据页面提示信息输入手机号码、验证码、邮箱密码，最后单击 立即注册 按钮，如图6-14所示。

❸ 稍后在打开的页面中将提示注册成功，并显示申请的邮箱地址。

图6-13 单击"注册免费邮箱"超链接　　图6-14 输入注册信息

6.2.2 编辑并发送电子邮件

有了电子邮箱后，需要先进入自己申请的邮箱，然后才能向老朋友发电子邮件联络感情，其具体操作如下。

❶ 在360安全浏览器中打开网易邮箱登录网址"http://mail.163.com"，然后在打开的页面中输入邮箱账号和密码，最后单击 登录 按钮，如图6-15所示。

❷ 稍后将登录到自己的邮箱首页，单击页面左侧的 写信 按钮，在打开的"写信"页面中分别输入收件人、主题和邮件内容，然后单击"添加附件"超链接，如图6-16所示。

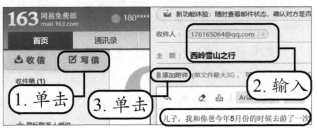

图6-15 输入邮箱账号和密码　　图6-16 开始编辑邮件内容

❸ 在打开的对话框中选择要以附件形式发送的文件，包括图片、

视频、文档等，这里选择图片后，单击 打开(O) 按钮，如图6-17所示。

④ 稍后即可看到网页中显示附件将在单击发送后进行上传，单击页面左上角的 发送 按钮，完成邮件发送操作，如图6-18所示。

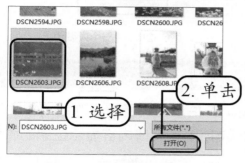

图6-17　选择要发送的图片

图6-18　发送邮件

6.3　利用微博分享最新信息

老年读者们在闲暇之余，还可以在网上通过微博和广大网友分享心情、交流心得。下面介绍怎样在微博中发布和查看信息，以及如何"关注"好友等。

6.3.1　开通微博

要想发布微博，首先需要开通一个微博账号，很多网站都提供了微博功能，下面介绍如何在新浪网注册微博，其具体操作如下。

❶ 在 Microsoft Edge 浏览器中输入网址"www.sina.com.cn"后，按"Enter"键进入新浪网首页，然后单击右上角的"微博"超链接，在打开的"新浪微博"网页中单击"立即注册"超链接，如图6-19所示。

❷ 打开"微博注册"页面，根据页面信息输入个人注册信息，如图6-20所示，然后单击 立即注册 按钮，即可成功注册微博账号。

图6-19 单击"立即注册"超链接

图6-20 注册个人微博

6.3.2 随时"关注"好友动态

关注是一种单向、无需对方确认的关系，只要您喜欢就可以关注对方。添加关注后，系统就会将该网友所发的微博内容显示在您的微博首页中，使您可以及时了解对方的动态。下面对感兴趣的人添加关注，其具体操作如下。

① 在新浪微博"首页"中单击 立即登录 按钮，打开图 6-21 所示的提示对话框，其中提供了"扫码登录""账号登录""短信登录"3 种不同登录方式，选择适合自己的方式登录到新浪微博。

② 进入新浪微博的"首页"页面中，系统会自动显示一些您可能感兴趣的人，如果你对某人感兴趣，则可以单击其头像，然后在打开的页面中单击 +关注 按钮，如图 6-22 所示。

③ 此时页面中将会显示图 6-23 所示的提示对话框。表示一旦该网友发布微博，您就可以在"微博首页"中间的微博内容区及时了解他所发布的微博内容。

图6-21 登录微博

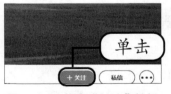

图6-22 单击"关注"按钮

图6-23 关注成功

6.3.3 微博分组

当关注的微博好友越来越多时，为了能方便、快速地找到想要关

注的微博好友，此时就可以对关注人员进行分组设置，其具体操作如下。

❶ 在新浪微博"首页"页面左侧功能区中单击 管理 按钮，如图 6-24 所示。

❷ 打开"管理自定义分组"对话框，单击 +新建分组 按钮后，在打开的对话框中输入新建分组的名称，如图 6-25 所示，然后单击 确定 按钮。

图6-24　单击"管理"按钮

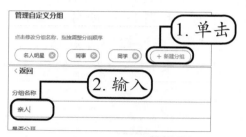

图6-25　输入新建分组名称

❸ 返回"管理自定义分组"对话框，此时"分组"栏中将增加"亲人"这一分组，然后在微博首页的中间列表中单击已关注好友的头像。

❹ 进入好友微博页面，将鼠标指针移至 已关注 按钮上，在弹出的列表中选择"设置分组"选项，如图 6-26 所示。

❺ 打开"设置分组"对话框，单击选中微博要保存的分组，如图 6-27 所示，然后单击 确定 按钮，将所选微博好友添加到"同事"分组。按照相同操作方法，可以将其他微博好友添加到相应分组。

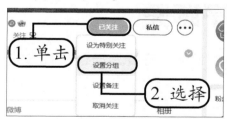

图6-26　选择"设置分组"选项

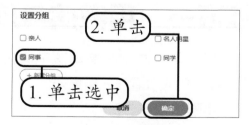

图6-27　选择分组

6.3.4　发布微博

开通新浪微博后，即可在其中发布文章、图片和视频等内容，与

广大网友一起分享您的快乐。下面在新浪微博中发布一篇带图片的日志,其具体操作如下。

1 在新浪微博"首页"中,单击微博发布区,此时文本框中将会显示输入光标,在其中输入要发布的文本内容后,单击文本框下方的 ◳ 按钮,如图6-28所示。

2 打开"打开"对话框,选择要上传的图片后,单击 打开(O) 按钮,此时网页将自动上传所选图片,待成功上传完图片后,单击 发送 按钮即可成功发布微博,如图6-29所示,并在首页中间列表中显示发布的微博内容,如图6-30所示。

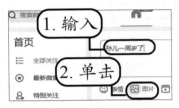

图6-28 编写微博

图6-29 发送微博

图6-30 查看发布的微博

练习阶段

练习内容: 用微信与孩子聊天、用邮件给老战友发送邀请函、"关注"儿女们的微博。

视频路径: 配套资源\第6天\练习阶段\练习一.mp4、练习二.mp4、练习三.mp4。

练习一 用微信与孩子聊天

下面练习使用微信与孩子进行在线聊天,主要是通过视频方式进行沟通,效果如图6-31所示。

步骤提示

◎ 启动电脑版微信后,用"手机扫描"方式登录到微信界面,然后在界面左侧列表中单击 ◉ 按钮,在打开的列表中找到儿子的头像。

◎ 单击头像,在打开的聊天窗口中单击 ▢ 按钮,进入视频聊天模式,待对方接受聊天邀请后,便可进行视频聊天了。

图6-31 用微信与孩子进行视频聊天

练习二 给老战友发送邀请函

下面练习发送电子邮件，涉及的操作包括申请电子邮箱和输入发送内容，完成后的效果如图 6-32 所示。

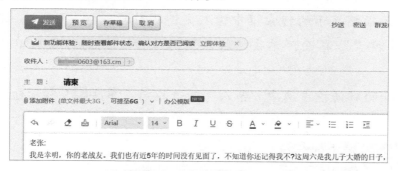

图6-32 发送电子邮件

步骤提示

◎ 在 360 安全浏览器中打开网易网站，单击"注册免费邮箱"超链接，在打开的页面中申请邮箱账号。

◎ 进入邮箱首页后，单击 写信 按钮，在打开的页面中输入收件人、主题和邮件内容等信息，最后单击 发送 按钮。

练习三 "关注"儿女们的微博

下面练习利用新浪微博关注儿女们的最新动向，首先利用"新浪微博"首页中的搜索功能找人，然后再添加关注，最终效果如图 6-33 所示。

图6-33　搜索并关注儿女们的微博

步骤提示

◎ 在新浪微博首页中单击 立即登录 按钮，在打开的提示对话框中使用账号登录到微博首页。

◎ 在页面顶端显示的搜索框中输入微博昵称后，按"Enter"键，打开"微博搜索"界面，单击"找人"选项卡，找到好友后单击 +关注 按钮。

◎ 在打开的对话框中选中"亲人"复选框后，单击 确定 按钮。

 发送文件
设置微博访问权限

技巧一： 使用微信不仅可以聊天沟通，还可以发送文件。方法为：在聊天窗口中单击 📁 按钮，在打开的对话框中选择要发送的文件后，单击 打开(O) ▾ 按钮即可在线发送文件。

技巧二： 有时为了保护个人隐私，在网上发布微博时可以设置不同的访问权限。方法为：在微博发布区中输入要发布的文本内容后，单击文本框下方的 公开 ▾ 按钮，在打开的下拉表列表中即可选择相应的访问权限，如"粉丝可见""仅自己可见"等。

保护电脑有妙招

学习目标

　　电脑使用一段时间后，可能会出现运行速度变慢、死机等一些"小毛病"，这时就需要对电脑进行日常维护，让它保持正常的运行状态。下面将具体介绍维护电脑组件、防范和查杀电脑病毒，以及优化电脑等实用操作。

学习内容

- ❀ 学会电脑组件的日常维护方法
- ❀ 掌握查杀电脑病毒的方法
- ❀ 掌握系统优化的操作方法
- ❀ 掌握系统清理的操作方法
- ❀ 掌握系统维护的操作方法

基础学习阶段

学习内容：养成良好的使用习惯，熟悉电脑的日常维护。

学习方法：首先了解良好的电脑使用习惯是如何养成的，然后再牢记电脑日常维护的具体事项。

7.1　电脑的日常维护

其实，电脑和家用电器一样，如果使用不当就会造成一些不必要的麻烦。为了减少这些麻烦，需要创建一个相对安全的使用环境，以便对其进行日常维护，下面将介绍一些电脑日常维护的相关知识。

7.1.1　养成良好的使用习惯

就像学习和工作要养成良好习惯一样，使用电脑也有相应的习惯。下面罗列了几点使用电脑的良好习惯供大家参考。

第1点：装完操作系统后应安装杀毒软件，并升级病毒库至最新。

第2点：不在不可靠的网站下载文件，文件下载后应及时查毒。

第3点：安装应用软件时不要着急单击 下一步(N) 按钮，认真阅读每一步安装说明，避免将不需要的软件或插件安装到电脑中。

第4点：不访问不良网站，对于经常上网的用户而言，要记得定期清理上网的历史记录和缓存，以释放内存空间。

7.1.2　电脑组件的维护

为了延长电脑使用寿命，减小各个组件发生故障的概率，需要定期对电脑的显示器、主机、鼠标和键盘等组件进行维护，下面将介绍具体维护方法。

主机维护：主机是电脑的核心，里面有重要部件，所以需要特别小心地维护。机箱内部堆积的灰尘，需要定期打开机箱，用柔软

的刷子刷去；开启电脑后，应尽量避免移动和摇晃主机，更不要让主机受到撞击，以免损坏主机内的重要配件。

显示器维护： 显示器需要远离磁场，如果显示器附近有强磁场，会使显示画面出现局部变色等现象；显示器亮度不应太高，如果长时间不使用显示器，最好开启屏幕保护；显示器的屏幕和外壳也容易积灰，应定期擦拭和清理。

键盘维护： 不要用力地敲击键盘，否则会导致某些按键失灵；键盘上有较多缝隙，应避免让水或其他异物进入其中。

鼠标维护： 切忌过分用力点击鼠标键，否则容易造成鼠标键失灵。鼠标不能用水擦洗，以免水流进鼠标内部造成鼠标损坏。

提高学习阶段

学习内容： 掌握有效防范电脑病毒和优化电脑的具体方法。

学习方法： 首先学会判断电脑是否感染病毒，再练习用 360 安全卫士查杀病毒，最后练习优化和清理系统。

7.2 电脑病毒的防范

要想让电脑运行更加顺畅，用户应树立正确的网络安全防范意识，让自己的电脑免受病毒的侵害。如果电脑不小心感染了病毒，该怎么办呢？下面就来了解和学习怎样防治电脑病毒。

7.2.1 判断电脑是否感染病毒

电脑病毒实际上就是网络上一些人恶意编写的程序，这些程序可能会对电脑操作系统和电脑中存储的信息造成不良后果。当电脑表现出以下几种情况时，表明电脑已感染病毒，应及时对其做出处理。

电脑运行异常： 电脑运行速度异常缓慢，有时还出现死机和自动重启等现象。

数据丢失： 电脑中的文件、资料和程序等无缘无故被删除，并且

磁盘可用空间在快速减小。

文件异常： 电脑中出现一些莫名其妙的文件。

屏幕显示异常： 电脑屏幕出现花屏或者显示一些奇怪的内容等。

密码被盗： 在正常网速下，微博和邮箱等出现登录密码错误的提示。

7.2.2 查杀电脑病毒

电脑病毒虽然可怕，但并不意味着对它就束手无策，在电脑中安装一款功能比较完整的杀毒程序，就可以防治病毒了。常用杀毒软件有360、金山和百度等，这些软件需要到软件销售商处购买并进行安装才能使用。下面以"360杀毒"软件为例进行讲解，其具体操作如下。

❶ 双击桌面上的 █ 快捷图标，启动"360杀毒"软件7.0版本。打开"360杀毒"工作界面，单击 快速扫描 按钮，如图7-1所示。

❷ 此时，"360杀毒"软件开始查杀病毒，并显示扫描对象和结果，如图7-2所示，这个过程可能需要较长的时间，请耐心等待。

❸ 当完成扫描后，将自动显示对电脑存在威胁的项目，选中具有威胁性的项目所对应的复选框，如图7-3所示，然后单击 立即处理 按钮即可将其删除。

图7-1 快速扫描电脑

图7-2 正在扫描病毒

图7-3 删除具有威胁性的项目

小提示 **全盘扫描**

如果用户想彻底检查电脑中的每一个文件，便可在"360杀毒"工作界面中单击 ∨ 按钮，在弹出的下拉列表中选择"全盘扫描"选项，此时软件将对所有的磁盘文件进行扫描。

7.2.3 开启实时监控

为了把病毒拒之"门外",需要对电脑的状态和活动情况进行监视,一旦发现有病毒等可疑现象,杀毒软件就会采取措施并通知用户。下面将开启"360 杀毒"软件的实时监控功能,其具体操作如下。

❶ 启动"360 杀毒"软件后,单击其工作界面右上角的设置按钮,如图 7-4 所示。

❷ 打开"360 杀毒极速版 - 设置"对话框,单击"实时防护设置"选项卡,在"防护级别设置"栏中选择"高",在"监控的文件类型"栏中选中"监控所有文件"单选项,然后单击"常规设置"选项卡,如图 7-5 所示。

❸ 在"自保护状态"栏中单击立即打开按钮,如图 7-6 所示,最后单击 确定 按钮,即可开启实时防护功能。

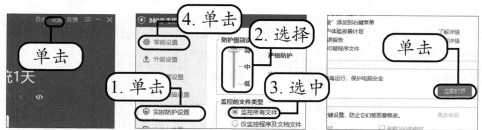

图7-4 单击"设置"按钮　　图7-5 设置实时防护　　图7-6 开启实时防护功能

7.3 电脑的优化

优化电脑是指提升电脑运行速度、清理系统运行时产生的垃圾文件和维护系统的正常运行等。常用优化软件主要有"Windows 优化大师"和"360 安全卫士",下面将以"Windows 优化大师"为例,介绍优化电脑的方法。

7.3.1 系统优化

对系统性能的优化可以更好地提高操作系统的稳定性和减少系统的反应时间,下面将对系统的开机速度进行优化,其具体操作如下。

❶ 成功安装"Windows 优化大师"后,双击桌面上的快捷图标,

启动"Windows 优化大师"软件。在打开的工作界面中提供了全面优化、垃圾清理、强窗拦截和电脑加速等多个功能模块，这里单击 全面优化 按钮，如图 7-7 所示。

❷ 打开"Windows 优化大师 – 全面优化"对话框，并开始对电脑进行全面检测，如图 7-8 所示。

❸ 待检测完成后将在对话框中显示电脑需要优化的问题，确认需要优化后，单击右上角的 立即优化 按钮，如图 7-9 所示，软件便开始进行优化设置，优化完成后将使电脑更快更纯净。

图7-7 单击"全面优化"按钮

图7-8 扫描电脑

图7-9 全面优化电脑

小提示 Windows10**优化**

如果不知道该如何选择众多优化项时，可利用软件提供的一键优化功能对系统的各参数进行优化，使其与当前电脑匹配。方法为：在"Windows优化大师"工作界面中单击"Windows 10优化"按钮⊞，即可自动优化。

7.3.2 垃圾清理

Windows 优化大师中的"垃圾清理"功能主要用于清理电脑中的垃圾文件和冗余信息等数据，下面将清理电脑中的垃圾文件，其具体操作如下。

❶ 在"Windows 优化大师"工作界面中单击"垃圾清理"按钮🗑。

❷ 打开"Windows 优化大师 – 垃圾清理"对话框，并开始对电脑中的垃圾文件进行扫描，如图 7-10 所示。

❸ 稍后，将在对话框中显示扫描结果，根据实际需要删除部分

或全部扫描项目，这里保持默认设置，单击 ___一键清理___ 按钮，如图 7-11 所示。

❹ 此时软件将开始执行清理操作，即将扫描到的垃圾文件删除，让电脑干净清爽。

图7-10　扫描垃圾文件

图7-11　清理垃圾文件

7.3.3　系统维护

系统维护是针对系统中保存的数据、各种驱动程序和系统文件的备份与恢复进行维护。下面将对系统磁盘进行维护，其具体操作如下。

❶ 在"Windows 优化大师"工作界面中单击"碎片清理"按钮🖿。

❷ 打开"Windows 优化大师 – 碎片清理"对话框，并开始对系统盘进行扫描检查，如图 7-12 所示。默认情况下软件会自动对系统盘进行扫描检查，若要检查其他磁盘，则需要等系统盘检查完成后再单击磁盘名称进行检查。

❸ 待软件完成检查操作后，单击 __开始清理__ 按钮，如图 7-13 所示，便可对磁盘进行碎片清理了。

图7-12　显示检查进度

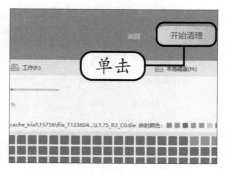

图7-13　对磁盘进行碎片清理

═══ 练习阶段 ═══

练习内容： 利用"360 杀毒"软件对电脑进行自定义杀毒，利用"Windows 优化大师"软件对桌面菜单进行优化。

视频路径： 配套资源 \ 第 7 天 \ 练习阶段 \ 练习一 .mp4、练习二 .mp4。

练习一　对电脑进行自定义杀毒

　　下面练习使用"360 杀毒"软件对电脑进行自定义杀毒，涉及的主要操作包括选择要扫描的文件和处理扫描结果。图 7-14 所示为扫描 G 盘后的效果。

　　步骤提示

◎ 双击桌面 快捷图标，启动"360 杀毒"软件，然后单击其工作界面 快速扫描 按钮右侧的 ∨ 按钮，在打开的下拉列表中选择"自定义扫描"选项。

◎ 打开"选择扫描目录"对话框，选中要扫描的目录或文件所对应的复选框后，然后单击 扫描 按钮。

◎ 完成扫描操作后，若出现有威胁的文件，选中该文件对应的复选框，并单击 立即处理 按钮。

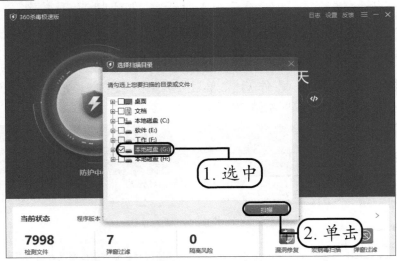

图7-14　对电脑中的G盘进行杀毒

练习二　优化电脑速度

下面练习使用"Windows 优化大师"软件对电脑进行加速优化，效果如图 7-15 所示，最后关闭"Windows 优化大师"软件。

步骤提示

◎ 进入"Windows 优化大师"工作界面后，单击"电脑加速"按钮🚀。

◎ 打开"Windows 优化大师 – 电脑加速"对话框，并开始自动扫描电脑中可以加速的项目，等扫描完成后，选中要加速的项目所对应的复选框，最后单击 一键加速 按钮。

图7-15　电脑加速处理

　隐私清理
自动更新病毒库

技巧一： 使用电脑时可能会出现个人隐私泄露的现象，那么此时就可以利用Windows优化大师的"隐私清理"功能来减少隐私泄露的风险。只需单击"Windows优化大师"工作界面中的"隐私清理"按钮📀，待扫描完成后，单击 一键清理 按钮即可，如图7-16所示。

图7-16　对电脑中隐私信息进行清理

技巧二：杀毒软件的病毒库一定要及时更新，如果不升级病毒库，杀毒软件就无法识别新的病毒，此时电脑中安装的防毒软件就形同虚设了。方法为：单击"360杀毒"软件工作界面右上角的 设置 按钮，在打开的对话框中单击"升级设置"选项卡，然后在右侧的"自动升级设置"栏中选中"自动升级病毒特征库及程序"单选项，最后单击 确定 按钮，如图7-17所示。

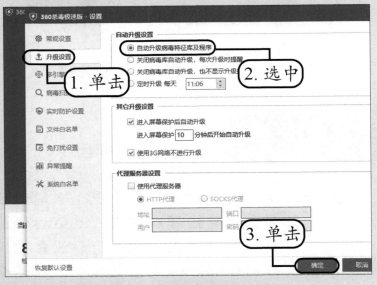

图7-17　自动升级病毒库